室内设计
节点构造图集

地面及细部空间
常用材料与施工

王晓松　编著

化学工业出版社

·北京·

内 容 简 介

本书共分为七章，涵盖了水泥、石材、砖材、地板、地毯、玻璃及现浇磨石七种常见的地面材料，针对地面中材料铺装、不同材料间的拼接以及特殊细部空间的铺装进行了解析。本书使用实景图帮助不能经常去现场的读者了解工艺效果，再利用三维分步图帮助读者明晰施工的步骤和一些结构，并将三维图转换成二维的节点图，方便读者理解复杂的工艺和节点。同时将实景图、三维图和节点图串联起来，达成实景图逆推出节点图的展示形式，让读者对工艺和节点的理解更加深刻。

本书图文并茂，实用性强，主要供设计师、设计专业的学生以及施工人员进行学习和参考。

图书在版编目（CIP）数据

室内设计节点构造图集. 地面及细部空间常用材料与
施工 / 王晓松编著. —北京：化学工业出版社，
2023.10
　　ISBN 978-7-122-43794-5

　　Ⅰ. ①室… Ⅱ. ①王… Ⅲ. ①住宅-地面-室内装饰
设计-图集 Ⅳ. ①TU241-64

中国国家版本馆CIP数据核字 (2023) 第126734号

责任编辑：王　斌　冯国庆
责任校对：王　静　　　　　　　　　　　　　装帧设计：韩　飞

出版发行：化学工业出版社（北京市东城区青年湖南街13号　邮政编码100011）
印　　装：盛大（天津）印刷有限公司
880mm×1230mm　1/16　印张15　字数300千字　2023年10月北京第1版第1次印刷

购书咨询：010-64518888　　　　　　　　售后服务：010-64518899
网　　址：http://www.cip.com.cn
凡购买本书，如有缺损质量问题，本社销售中心负责调换。

定　　价：98.00元

前 言

PREFACE

　　室内设计行业逐渐发展壮大，部门的分类也越来越细致，除了常规的方案设计外，还细分了深化设计、效果图设计等，而且根据项目的类型，有时还会涉及机电、消防、结构、声学、灯光等专业。其中，深化设计可以说是贯穿了整个设计过程，大体包含平面设计、立面设计和节点设计三个方面，平面设计和立面设计更多地在于造型上的设计，而节点设计则更加注重细节，起到承上启下的作用，上可对接方案，下可对接施工工艺。节点可以根据使用位置大致分为顶面、墙面和地面，其中地面作为最容易磨损的区域，需要重点注意，尤其地面上经常做止水坎等，有很多需要关注的细节。

　　本书分为七章，包括水泥、石材、砖材、地板、地毯、玻璃及现浇磨石七种材料在地面上的整面铺装、拼接以及细部空间的节点构造。全书以实景图作为施工工艺效果的表达，逆推出施工步骤，并用SketchUp三维图分步展示出来，以期待读者在学习后能够达到根据图片效果就能联想到施工效果。清晰的三维图也能将隐藏在地面下的结构直观地表现出来，将立体的三维图转换成二维的节点图，就可以得到不同工艺的节点图，明晰节点图的绘制逻辑，即使面对特殊结构，也可以根据这种逻辑来绘制CAD节点图，让节点图不再"高不可攀"。同时针对每种材料都整理了专题，针对每种材料可使用在地面上的进行分类进行详细介绍，让读者清晰地了解材料的基本特征、适用空间和选购技巧。本书还通过分析通用工艺的优缺点，来帮助读者学习不同工艺的适用场景，同时材料的多种搭配技巧也能激发读者的设计灵感，辅助设计工作。

　　本书内容适用性和实际操作性较强，可供设计师、设计专业的学生以及施工人员进行学习和参考。节点图中的尺寸都是一般情况下的常见尺寸，仅供参考，具体施工尺寸要参考施工现场的实际情况。由于水平有限，尽管编者反复推敲核实，但难免有疏漏及不妥之处，恳请广大读者批评指正，以便做进一步的修改和完善。

编者

目 录

CONTENTS

第三章

砖材

水泥

工业风格的兴起，使得水泥材质的地坪越来越受到人们的喜爱，此类地坪材料以水泥为原料制作而成，具有水泥独有的粗犷感和时尚感。水泥地坪用途广泛，可以用于地面，也可用于装饰墙面，而且适合多种室内风格，如工业风格、新中式风格、现代风格等。

第一章

节点 1. 水泥基自流平地面

水泥做自流平的地面能够达到无缝的装饰效果，让地面更加具有整体性，水泥粗犷、原始的质感也让其十分适合使用在工业风格的空间中。

施工步骤

水泥基自流平（加封闭剂）

水泥基自流平界面剂

细石混凝土

界面剂

建筑楼板

转换成节点图

水泥基自流平（封闭剂）
水泥基自流平界面剂
细石混凝土

界面剂
建筑楼板

水泥基自流平地面节点图

步骤 1：
刷界面剂

步骤 2：
用细石混凝土做找平层

步骤 3：
刷水泥基自流平界面剂

步骤 4：浇自流平

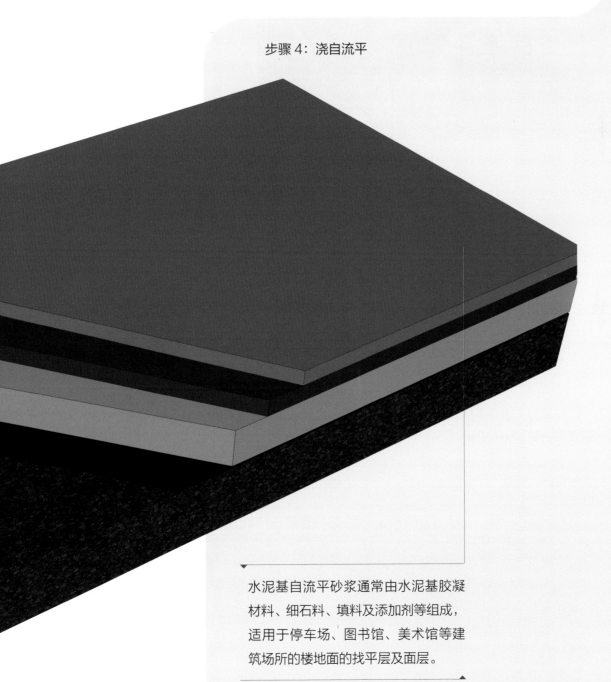

水泥基自流平砂浆通常由水泥基胶凝材料、细石料、填料及添加剂等组成，适用于停车场、图书馆、美术馆等建筑场所的楼地面的找平层及面层。

节点 2. 抛光水泥基自流平地面

　　抛光水泥基自流平地面可以根据颜色的深浅及自流平滚压的方式，形成多种纹理，为空间增加层次感；适用范围广，无论是家居空间还是公共空间都较为适用。

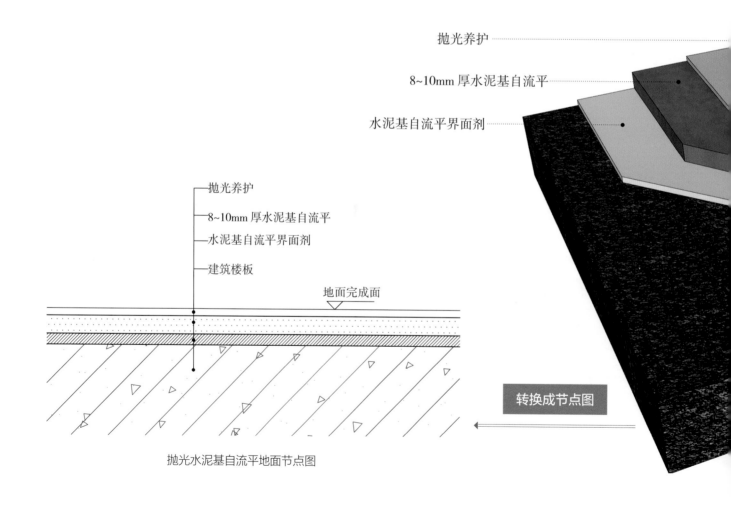

抛光养护

8~10mm 厚水泥基自流平

水泥基自流平界面剂

抛光养护

8~10mm 厚水泥基自流平

水泥基自流平界面剂

建筑楼板

地面完成面

转换成节点图

抛光水泥基自流平地面节点图

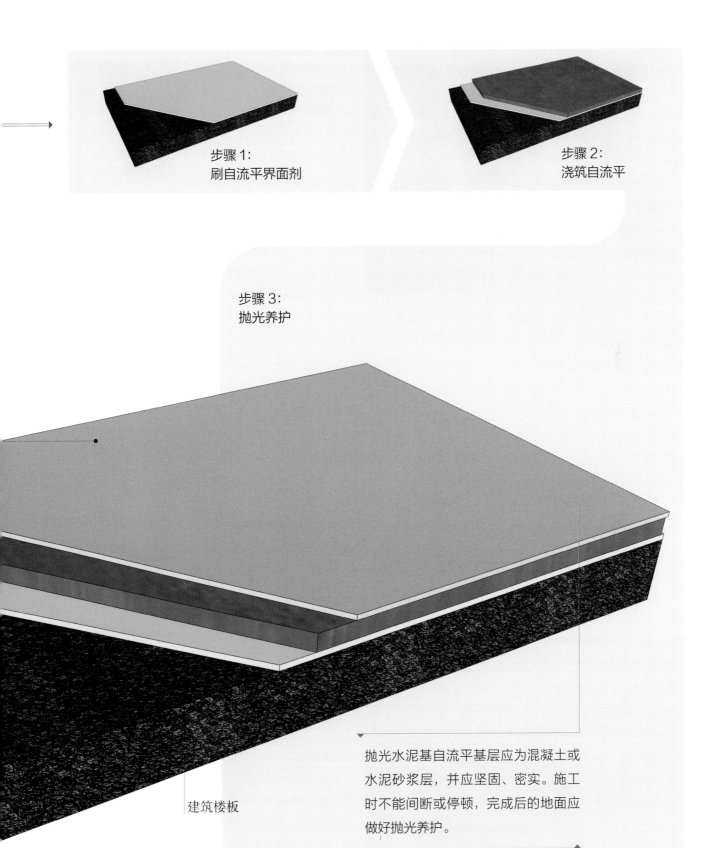

步骤 1:
刷自流平界面剂

步骤 2:
浇筑自流平

步骤 3:
抛光养护

建筑楼板

抛光水泥基自流平基层应为混凝土或水泥砂浆层，并应坚固、密实。施工时不能间断或停顿，完成后的地面应做好抛光养护。

节点 3. 夯土基层水泥自流平地面

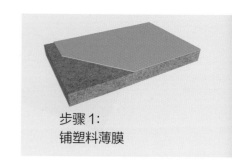

施工步骤

步骤 1：
铺塑料薄膜

夯土基层水泥自流平地面的效果与普通水泥基自流平地面的效果相同，只不过不同基层地面的处理方式不同，节点也会相应的不同。

水泥基自流平（封闭形）

水泥基自流平界面剂

50mm 厚 C25 细石混凝土

水泥砂浆掺胶涂刷一遍

C15 混凝土垫层

0.2mm 塑料薄膜

夯土层

地面完成面

施工步骤

转换成节点图

水泥基自流平地面节点图

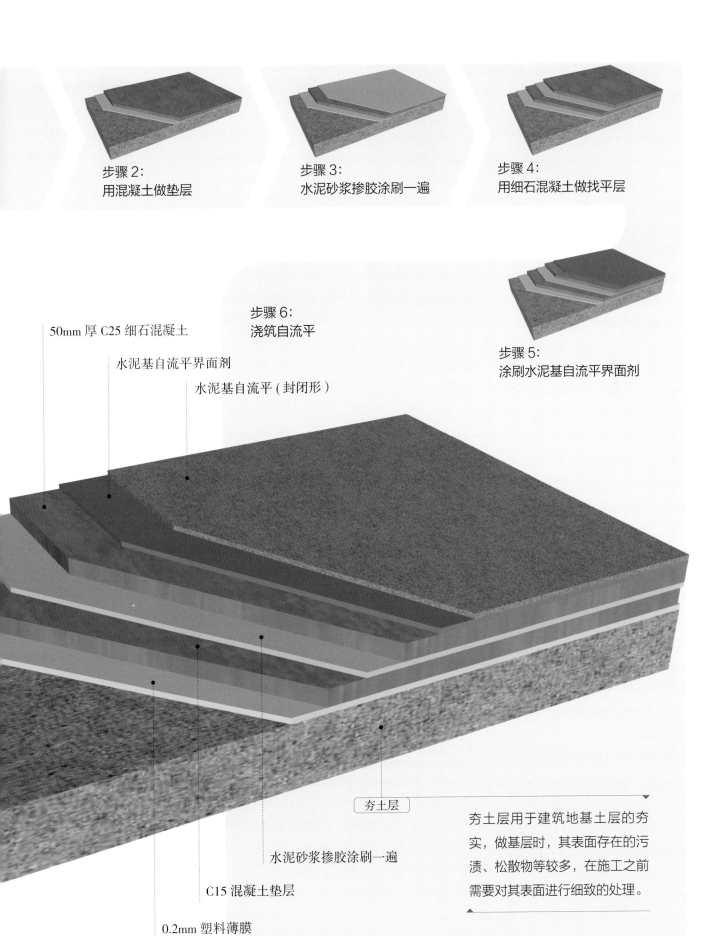

步骤2:
用混凝土做垫层

步骤3:
水泥砂浆掺胶涂刷一遍

步骤4:
用细石混凝土做找平层

步骤6:
浇筑自流平

步骤5:
涂刷水泥基自流平界面剂

50mm 厚 C25 细石混凝土

水泥基自流平界面剂

水泥基自流平(封闭形)

夯土层

夯土层用于建筑地基土层的夯实,做基层时,其表面存在的污渍、松散物等较多,在施工之前需要对其表面进行细致的处理。

水泥砂浆掺胶涂刷一遍

C15 混凝土垫层

0.2mm 塑料薄膜

节点 4. 水泥自流平与木地板相接地面

施工步骤

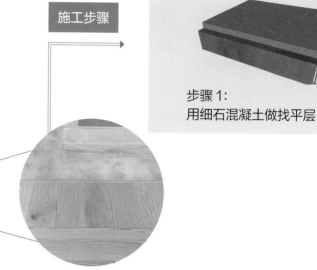

步骤 1:
用细石混凝土做找平层

厨房区域用了耐脏同时不显脏的自流平，将开放区域分成了厨房和客厅两个区域。该做法很适用于不同空间与厨房的交界处。

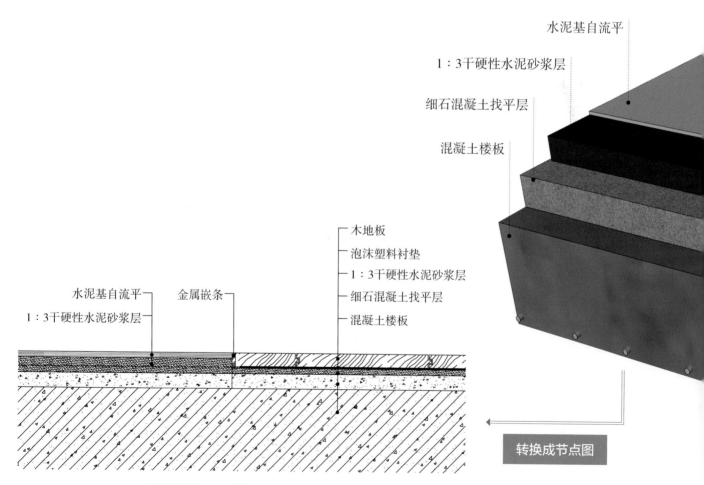

水泥自流平与木地板相接地面节点图

转换成节点图

步骤 2:
干硬性水泥砂浆层

步骤 3:
安装金属嵌条

步骤 4:
铺设泡沫塑料衬垫

步骤 6:
浇筑自流平

步骤 5:
铺设木地板

金属嵌条

泡沫塑料衬垫

木地板

木地板和自流平之间应预留
5~10mm 的缝隙放置专用的活
动金属收边条，调节木地板的胀
缩，起到衔接和收口的作用。

节点 5. 水泥踏步

作为主要的交通空间之一，楼梯踏步使用的频率很高，除了必须考虑安全性外，还必须考虑踏步的装饰性。水泥踏步的施工固然简单方便，但与室内装修协调度会相对较低，还要考虑后期保养维护的费用，因此最常被使用在户外。

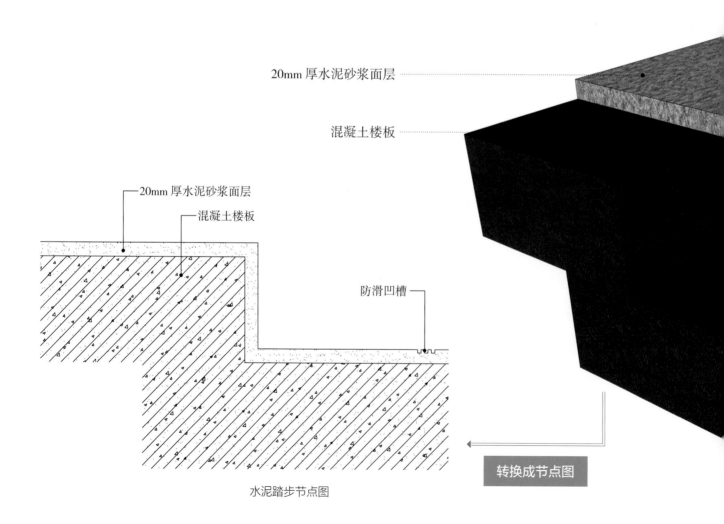

20mm 厚水泥砂浆面层

混凝土楼板

20mm 厚水泥砂浆面层

混凝土楼板

防滑凹槽

转换成节点图

水泥踏步节点图

步骤 1：
踏板基层安装

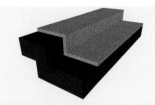

步骤 2：
踏步面层安装

步骤 3：
做防滑凹槽

防滑凹槽

水泥楼梯踏步要求抹灰层之间及抹灰层与基层之间必须黏结牢固，无脱层、空鼓，面层无爆灰和裂缝等缺陷。表面要光滑、洁净，颜色均匀，无抹纹，线角和灰线平直方正，清晰美观。

专题 水泥地面设计与施工的关键点

■ 材质分类

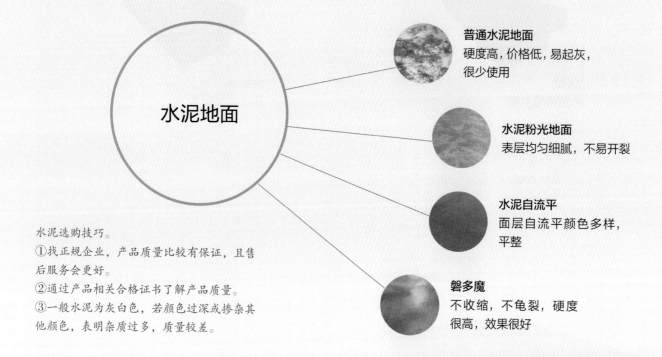

普通水泥地面
硬度高，价格低，易起灰，很少使用

水泥粉光地面
表层均匀细腻，不易开裂

水泥自流平
面层自流平颜色多样，平整

磐多魔
不收缩，不龟裂，硬度很高，效果很好

水泥选购技巧。
①找正规企业，产品质量比较有保证，且售后服务会更好。
②通过产品相关合格证书了解产品质量。
③一般水泥为灰白色，若颜色过深或掺杂其他颜色，表明杂质过多，质量较差。

■ 通用工艺

　　水泥运用在地面上时，最初只是普通水泥铺平，这种地面容易起灰，但成本低，因此只用于农村。除此之外，水泥更多的是用在垫层做自流平，起到找平的作用，后来也有面层自流平、粉光及磐多魔等工艺出现。

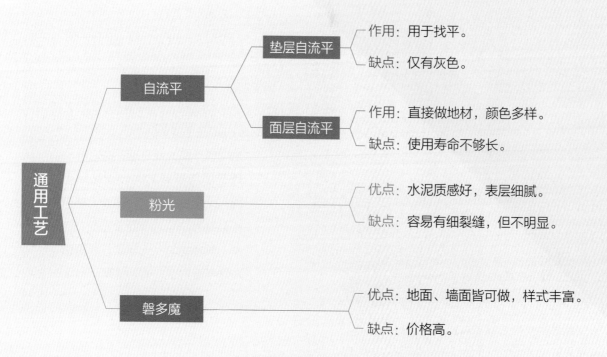

通用工艺
- 自流平
  - 垫层自流平
    - 作用：用于找平。
    - 缺点：仅有灰色。
  - 面层自流平
    - 作用：直接做地材，颜色多样。
    - 缺点：使用寿命不够长。
- 粉光
  - 优点：水泥质感好，表层细腻。
  - 缺点：容易有细裂缝，但不明显。
- 磐多魔
  - 优点：地面、墙面皆可做，样式丰富。
  - 缺点：价格高。

■ 搭配技巧

通用类型做一体效果

　　在所有的水泥地坪中，水泥粉光地坪和磐多魔均为多界面通用的一类。在设计时，可将其设计为三个界面或两个界面一体式的效果，以增添个性感，如顶面、墙面一体式或墙面、地面一体式等。

空间中顶面、墙面、地面均使用水泥粉光，让整个空间独具个性而具有视觉冲击力。

搭配红砖营造原始感

　　水泥地坪材料有着粗犷、原始的质感，以及个性的装饰效果；红砖也具有相似的特性，更加具有裸露感，同样都非常适合用于工业风格当中。水泥地坪材料和红砖的搭配让空间更加具有原始感。

水泥地坪材料搭配红砖，可以很好地表现出工业风格的特点。

和木地板搭配适合多种风格

　　偏白的水泥地面和浅色木地板色系相同，搭配起来比较简约，可以与多种风格进行混搭。和禅意花瓶搭配可营造禅意空间，与金属感的饰品搭配则可以让空间更加具有现代感。

偏白的水泥地面和浅色木地板搭配，通过加入禅意花瓶等配饰，增加空间的禅意感。

满铺磐多魔增强光滑感

　　若所选择的风格比较注重水泥地坪的光滑感，如简约风格，更建议使用磐多魔来装饰。它是所有水泥地坪中面层最光滑、反光感最强的一种，可以很好地表现出简洁感。但需要注意的是，家居中更建议使用百搭的灰色，若使用彩色，需与其他部分有所呼应。

模拟石材质感和纹理的磐多魔，让地面更加具有现代感。

无缝满铺加强空间整体感

水泥地面有着其他地面材料没有的最大优点，就是无缝拼贴，可以让开放或者相连的多个空间更加具有整体感，也能让空间显得更加宽阔。

水泥地面加上棉麻质感的地毯，使得空间更加具有粗犷感。

搭配冷色金属演绎未来感

水泥具有空间的原始感，而银色金属则更加具有未来感，两种质感的"碰撞"，给空间增加层次感，而且金属和水泥的色调一致，空间整体十分和谐。

红色的灯光柔和了水泥和金属的冷感，让空间色彩更加丰富。

石材

　　石材因其较高的强度、硬度以及耐磨等优良性能经常被用于地面中，而且其花纹繁多、色彩丰富，为地面装饰提供了更多选择。石材一般分为天然石材和人造石材，两者各有优缺点，其中天然石材的纹理有着不可替代性，而人造石材则具有质轻、方便清理等特点，可以根据需求对石材进行使用，比如针对容易脏的厨房可采用人造石材进行铺贴，易于清理。

第二章

节点 6. 干铺法石材地面

施工步骤 →

暖灰色的石材地面，与空间中的暖色木饰面相呼应，同时光滑洁净的石材能够更加吻合现代轻奢的风格。

石材饰面 ——
石材专用黏结剂 ——
干硬性水泥砂浆结合层 ——
细石混凝土找平层 ——
界面剂 ——
建筑楼板 ——

20
50
30

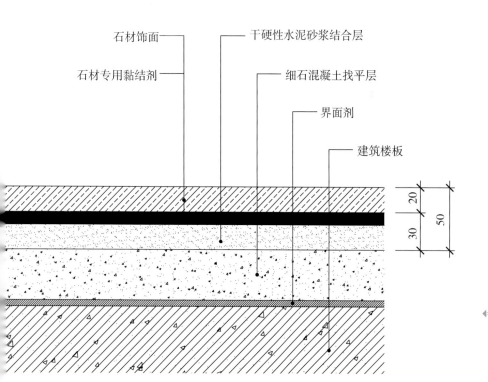

← 转换成节点图

干铺法石材地面节点图

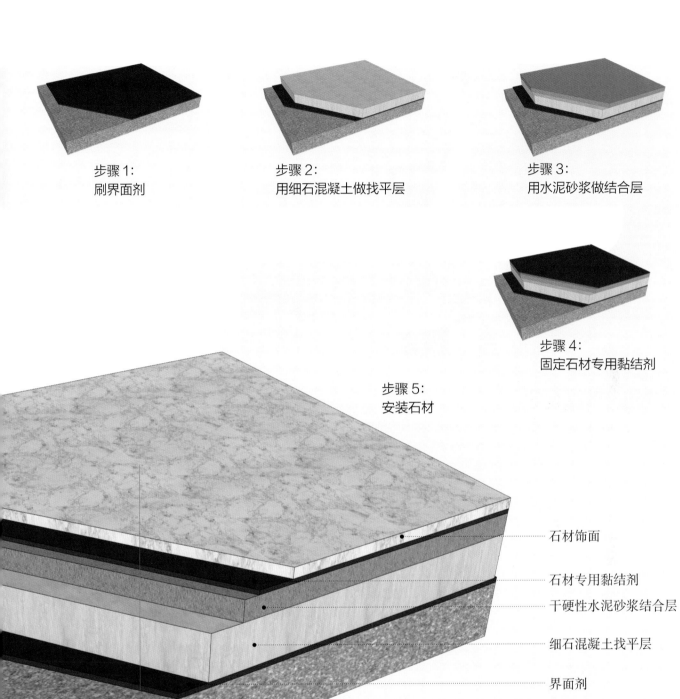

步骤 1:
刷界面剂

步骤 2:
用细石混凝土做找平层

步骤 3:
用水泥砂浆做结合层

步骤 4:
固定石材专用黏结剂

步骤 5:
安装石材

石材饰面

石材专用黏结剂

干硬性水泥砂浆结合层

细石混凝土找平层

界面剂

建筑楼板

地面常用大理石、文化石、粗面花岗岩以及人造石材作为饰面层。其中只有粗面花岗岩和人造石材适合在卫浴空间中使用。

节点 7. 湿铺法石材地面

大理石铺贴于客厅空间时，可以加入局部的块状地毯，对单调的地面进行
修饰。

石材
刷素水泥膏一道
30mm 厚 1：3 干硬性水泥砂浆结合层
CL7.5 轻集料混凝土垫层（厚度依设计定）
刷界面剂一道
原建筑钢筋混凝土楼板

施工步骤

— 石材
— 刷素水泥膏一道
— 30mm 厚 1：3 干硬性水泥砂浆结合层
— CL7.5 轻集料混凝土垫层（厚度依设计定）
— 刷界面剂一道
— 原建筑钢筋混凝土楼板

转换成节点图

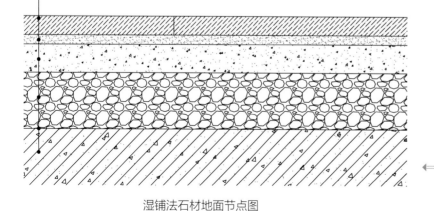

湿铺法石材地面节点图

步骤 1：
刷界面剂一道

步骤 2：
用混凝土做垫层

步骤 3：
用水泥砂浆做结合层

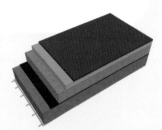

步骤 4：
刷素水泥膏一道

步骤 5：
铺贴石材

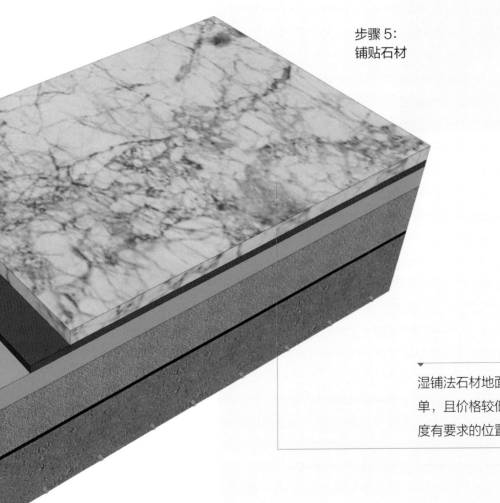

湿铺法石材地面较薄，操作简单，且价格较低，适用于对厚度有要求的位置。

节点 8. 加防水层的石材地面

浅色的大理石
用于卫生间时容易
变色，因此最好使
用深色系大理石。

施工步骤

刷素水泥膏一道

干硬性水泥砂浆找平层

水泥砂浆保护层

防水层

原建筑钢筋混凝土楼板

—— 石材
—— 刷素水泥膏一道
—— 干硬性水泥砂浆找平层
—— 水泥砂浆保护层
—— 防水层
—— 原建筑钢筋混凝土楼板

转换成节点图

加防水层的石材地面节点图

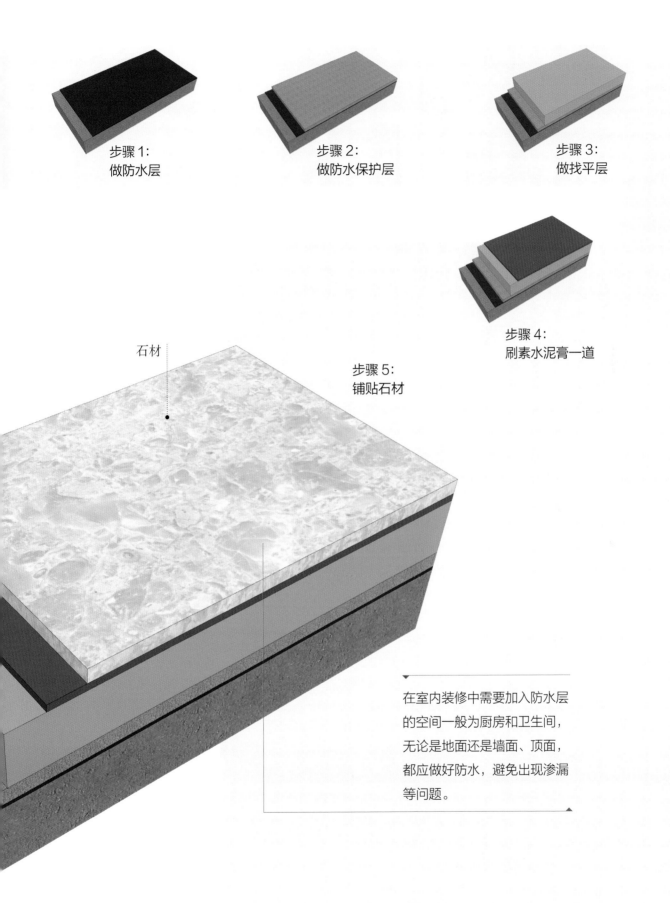

步骤 1：
做防水层

步骤 2：
做防水保护层

步骤 3：
做找平层

步骤 4：
刷素水泥膏一道

步骤 5：
铺贴石材

石材

在室内装修中需要加入防水层的空间一般为厨房和卫生间，无论是地面还是墙面、顶面，都应做好防水，避免出现渗漏等问题。

节点 9. 地暖石材地面

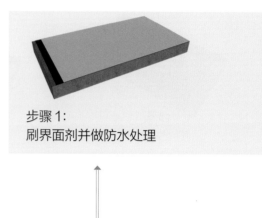

步骤 1：
刷界面剂并做防水处理

施工步骤

餐厅墙面面积较大，适合采用干挂法进行施工。地面则可以采取胶粘法施工。

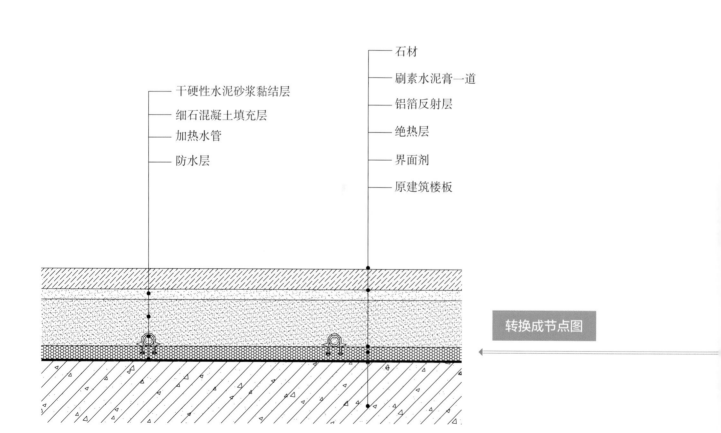

- 干硬性水泥砂浆黏结层
- 细石混凝土填充层
- 加热水管
- 防水层

- 石材
- 刷素水泥膏一道
- 铝箔反射层
- 绝热层
- 界面剂
- 原建筑楼板

转换成节点图

地暖石材地面节点图

步骤 2：
做绝热层并铺设铝箔反射层

步骤 3：
安装加热水管并进行压力测试

步骤 4：
用细石混凝土填充

步骤 5：
做黏结层并刷素水
泥膏一道

步骤 6：
铺贴石材

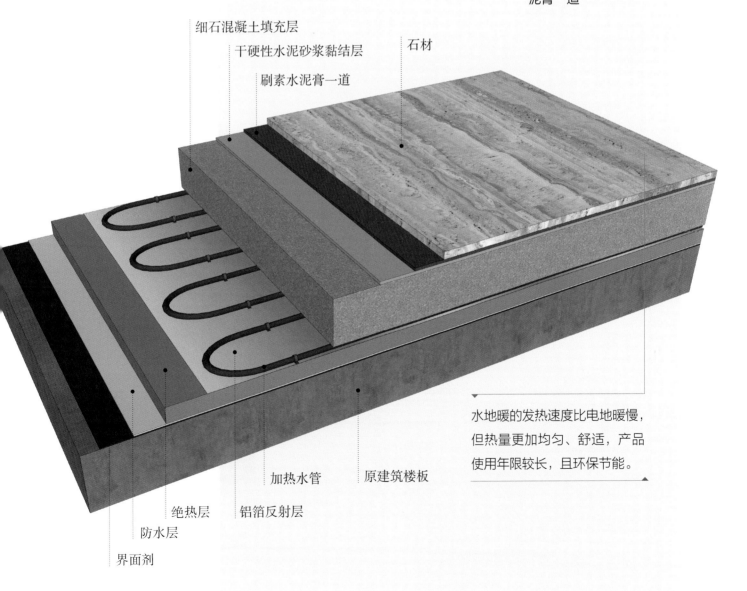

细石混凝土填充层

干硬性水泥砂浆黏结层

石材

刷素水泥膏一道

水地暖的发热速度比电地暖慢，
但热量更加均匀、舒适，产品
使用年限较长，且环保节能。

加热水管

原建筑楼板

绝热层

铝箔反射层

防水层

界面剂

节点 10. 电梯口处石材地面

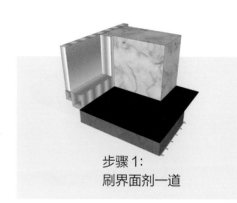

施工步骤

步骤 1：
刷界面剂一道

电梯口处石材和玻化砖相接，黑白的明显对比，让电梯的位置更加明确，带有一定的指向性。

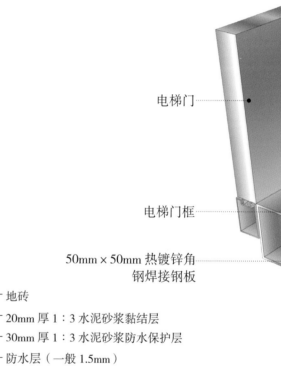

电梯门

电梯门框

50mm × 50mm 热镀锌角钢焊接钢板

地砖
20mm 厚 1：3 水泥砂浆黏结层
30mm 厚 1：3 水泥砂浆防水保护层
防水层（一般 1.5mm）
30mm 厚 1：3 水泥砂浆找平层
刷界面剂一道
原建筑钢筋混凝土楼板

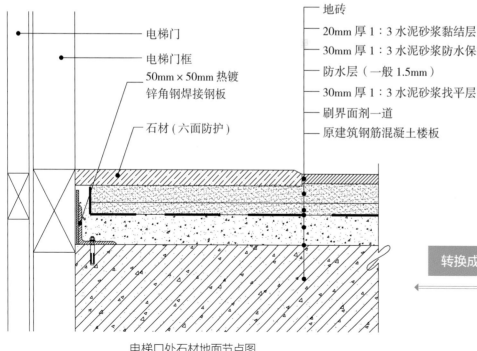

电梯门
电梯门框
50mm × 50mm 热镀锌角钢焊接钢板
石材 (六面防护)

转换成节点图

电梯口处石材地面节点图

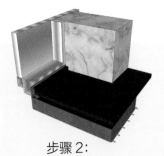

步骤 2：
做找平层

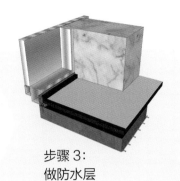

步骤 3：
做防水层

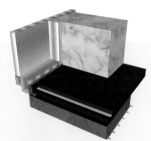

步骤 4：
做防水保护层

步骤 5：
用水泥砂浆做黏结层

步骤 6：
铺设石材和地砖

········· 石材（六面防护）

········· 地砖

········· 20mm 厚 1：3 水泥砂浆黏结层
········· 30mm 厚 1：3 水泥砂浆防水保护层
········· 防水层（一般 1.5mm）
········· 30mm 厚 1：3 水泥砂浆找平层
········· 刷界面剂一道
········· 原建筑钢筋混凝土楼板

电梯处的地面一般用石材进行铺贴，方便清洁的同时装饰效果也好。

节点 11. 石材间镶嵌铜嵌条地面

施工步骤

铜嵌条与玻璃上的金属压条相对应，起到了装饰作用，同时从空间的角度看，隐形地将客厅的走廊进行了分割。

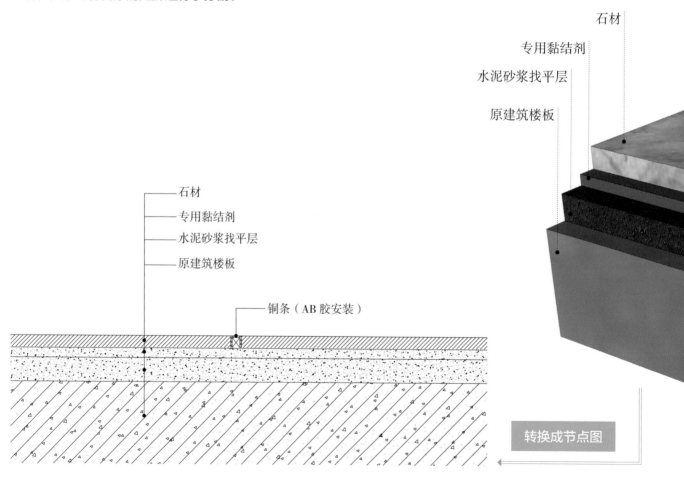

石材

专用黏结剂

水泥砂浆找平层

原建筑楼板

石材

专用黏结剂

水泥砂浆找平层

原建筑楼板

铜条（AB 胶安装）

转换成节点图

石材间镶嵌铜嵌条地面节点图

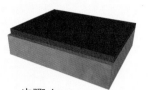

步骤1：
做找平层

步骤2：
刷专用黏结剂

步骤3：
铺贴石材

步骤4：
安装铜嵌条

铜嵌条在石材地面上主要起装饰空间的作用，在客厅、酒店大厅等空间中被广泛应用，可提升空间的质感。

铜条（AB胶安装）

节点 12. 混凝土楼梯石材踏步

施工步骤

混凝土楼梯结构结实，但所占空间较大，会产生部分空间浪费的问题，一般会在楼梯的下方做储物空间来辅助收纳。

防滑带⋯⋯⋯⋯⋯

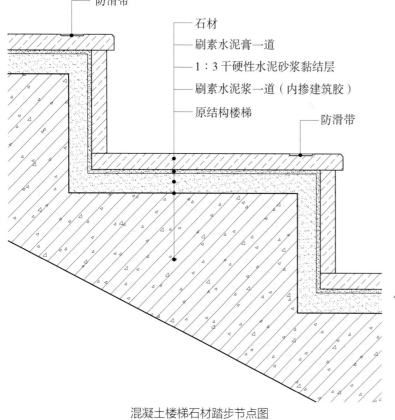

防滑带

石材
刷素水泥膏一道
1：3 干硬性水泥砂浆黏结层
刷素水泥浆一道（内掺建筑胶）
原结构楼梯

防滑带

刷素水泥膏一道⋯⋯⋯⋯

1：3 干硬性水泥砂浆黏结层

原结构楼梯

刷素水泥浆一道（内掺建筑胶）

转换成节点图

混凝土楼梯石材踏步节点图

步骤 1：
刷掺杂建筑胶的素水泥膏一道

步骤 2：
用水泥砂浆做黏结层

步骤 3：
刷素水泥膏一道

步骤 4：
铺贴石材并设防滑带

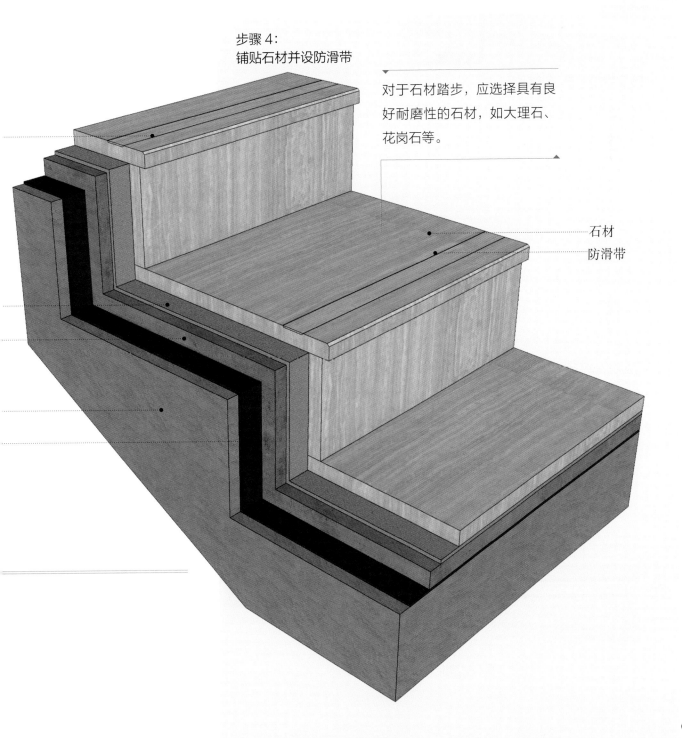

对于石材踏步，应选择具有良好耐磨性的石材，如大理石、花岗石等。

石材
防滑带

节点 13. 混凝土基层石材踏步（暗藏灯带）

在踏步中安装向下照射的灯带，既能对楼梯产生清晰的照射，也能避免人眼产生眩光，进而保护人眼。

施工步骤

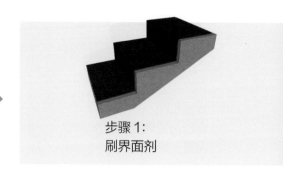

步骤1：
刷界面剂

同一楼梯各梯段的踏步高宽不能出现无规律的尺寸变化，必须保持坡度和步距关系不变。

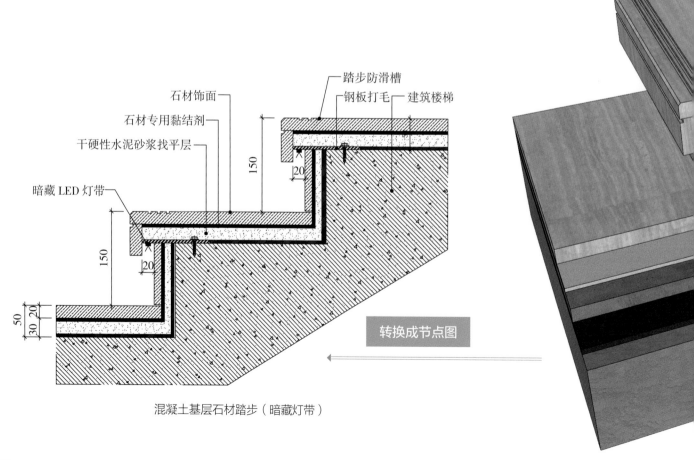

石材饰面
石材专用黏结剂
干硬性水泥砂浆找平层
暗藏 LED 灯带
踏步防滑槽
钢板打毛
建筑楼梯
150
20
150
20
50
30 20

转换成节点图

混凝土基层石材踏步（暗藏灯带）

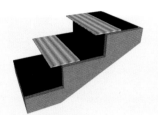

步骤 2:
固定钢板

步骤 3:
做找平层

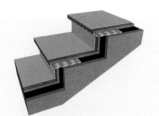

步骤 4:
刷黏结剂

步骤 6:
安装灯带

步骤 5:
铺贴石材

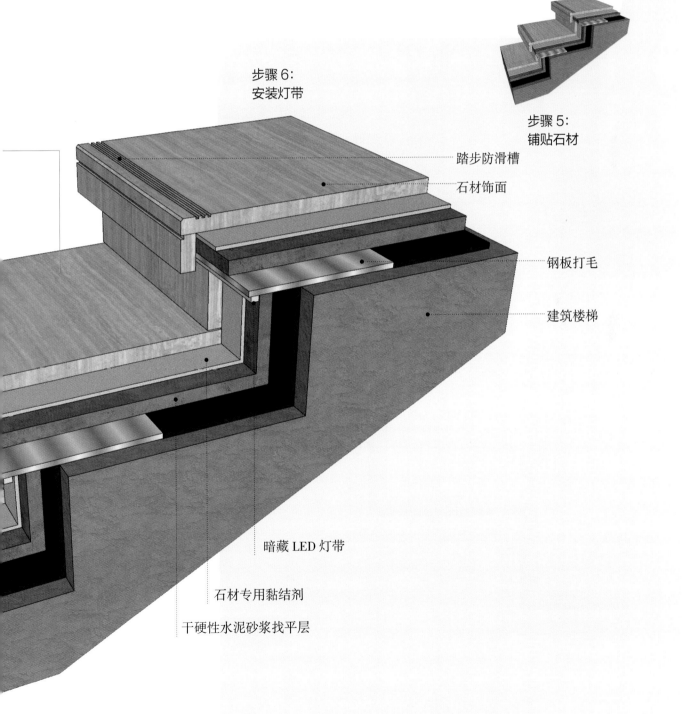

踏步防滑槽

石材饰面

钢板打毛

建筑楼梯

暗藏 LED 灯带

石材专用黏结剂

干硬性水泥砂浆找平层

节点 14. 钢结构楼梯石材踏步

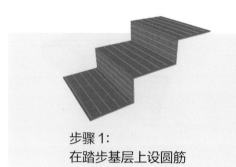

施工步骤

步骤 1：
在踏步基层上设圆筋

钢结构楼梯自重较轻，抗震性能好，可回收利用，节省用地，而且建设工期相对较短，省去了等待现浇混凝土凝固的时间，并且混凝土楼梯工期很容易受到天气的影响。

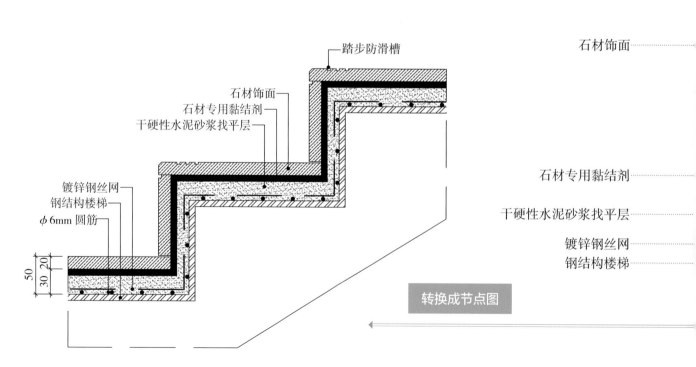

踏步防滑槽

踏步防滑槽

石材饰面

石材饰面
石材专用黏结剂
干硬性水泥砂浆找平层

镀锌钢丝网
钢结构楼梯
$\phi 6mm$ 圆筋

50
30 20

石材专用黏结剂

干硬性水泥砂浆找平层

镀锌钢丝网
钢结构楼梯

转换成节点图

钢结构楼梯石材踏步节点图

步骤2:
铺钢丝网

步骤3:
用水泥砂浆做找平层

步骤4:
刷黏结剂

步骤5:
铺贴石材

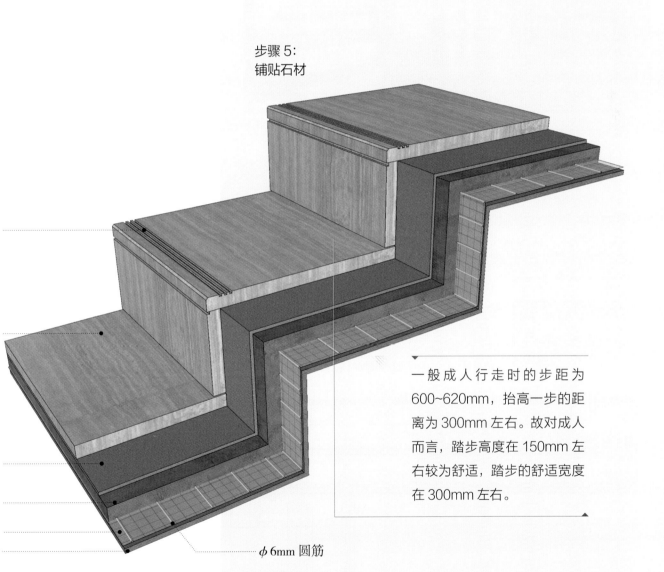

一般成人行走时的步距为 600~620mm,抬高一步的距离为300mm左右。故对成人而言,踏步高度在150mm左右较为舒适,踏步的舒适宽度在300mm左右。

ϕ 6mm 圆筋

节点 15. 钢结构楼梯并暗藏灯带的石材踏步

施工步骤

颜色明亮、花纹自然的浅色石材踏步，减少了深木色带来的厚重感，放松行人视觉的同时还给人以美观、大方的感受。

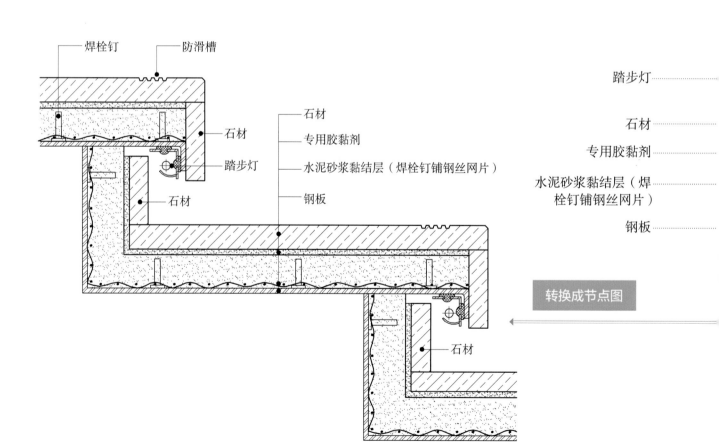

转换成节点图

钢结构楼梯并暗藏灯带的石材踏步节点图

步骤 1：
焊栓钉并铺钢丝网片

步骤 2：
水泥砂浆做黏结层

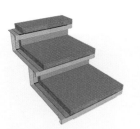

步骤 3：
刷专用黏结剂

步骤 4：
铺贴石材并安装灯带

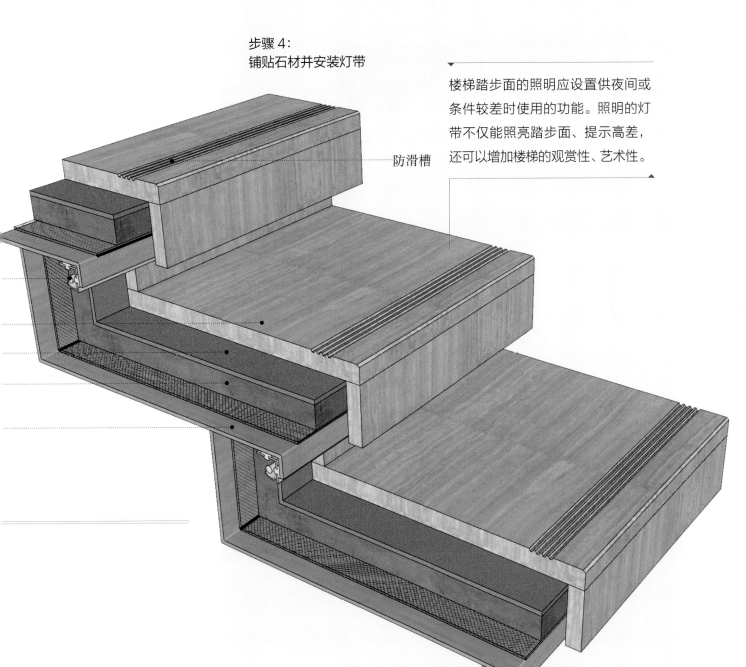

防滑槽

楼梯踏步面的照明应设置供夜间或条件较差时使用的功能。照明的灯带不仅能照亮踏步面、提示高差，还可以增加楼梯的观赏性、艺术性。

节点 16. 石材与木地板 U 形相接地面

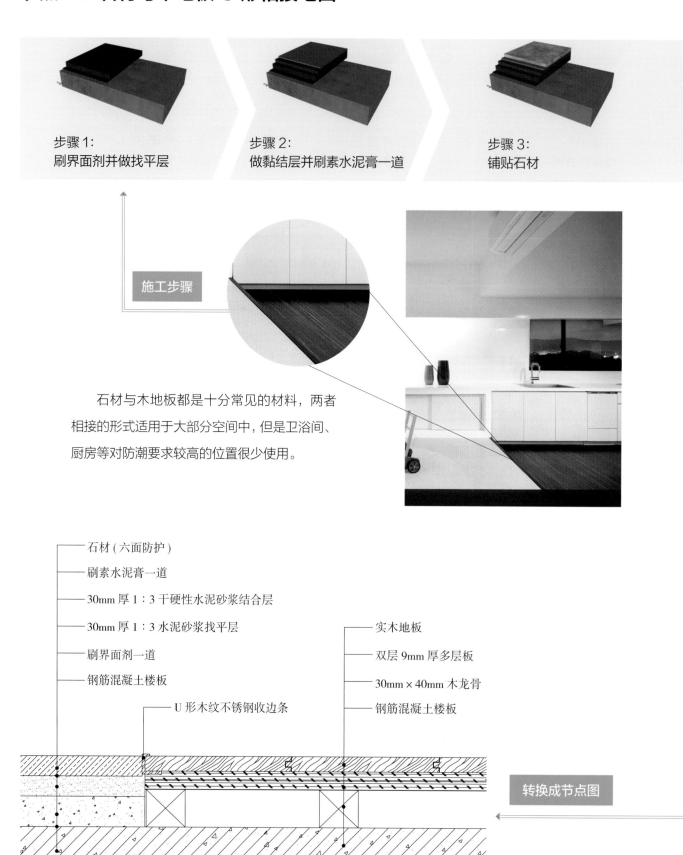

步骤1：
刷界面剂并做找平层

步骤2：
做黏结层并刷素水泥膏一道

步骤3：
铺贴石材

施工步骤

石材与木地板都是十分常见的材料，两者相接的形式适用于大部分空间中，但是卫浴间、厨房等对防潮要求较高的位置很少使用。

石材 (六面防护)

刷素水泥膏一道

30mm 厚 1：3 干硬性水泥砂浆结合层

30mm 厚 1：3 水泥砂浆找平层

刷界面剂一道

钢筋混凝土楼板

U 形木纹不锈钢收边条

实木地板

双层 9mm 厚多层板

30mm × 40mm 木龙骨

钢筋混凝土楼板

转换成节点图

石材与木地板 U 形相接地面节点图

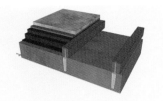

步骤 4：
固定木龙骨

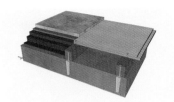

步骤 5：
安装多层板

步骤 6：
固定 U 形收边条

步骤 7：
铺设木地板

石材与木地板之间通过收边条
相连接，收边条能更加明确两
种材质之间的分割，空间的分
割感也更强。

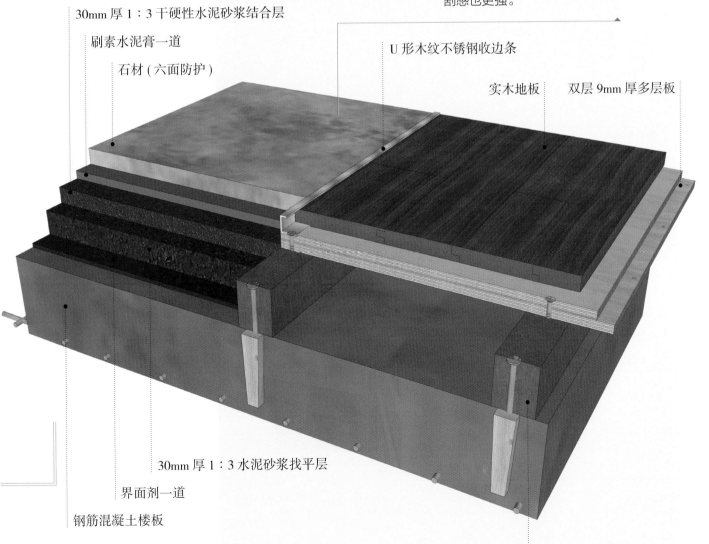

30mm 厚 1：3 干硬性水泥砂浆结合层

刷素水泥膏一道

石材 (六面防护)

U 形木纹不锈钢收边条

实木地板　双层 9mm 厚多层板

30mm 厚 1：3 水泥砂浆找平层

界面剂一道

钢筋混凝土楼板

30mm × 40mm 木龙骨

节点 17. 石材与木地板 L 形相接地面

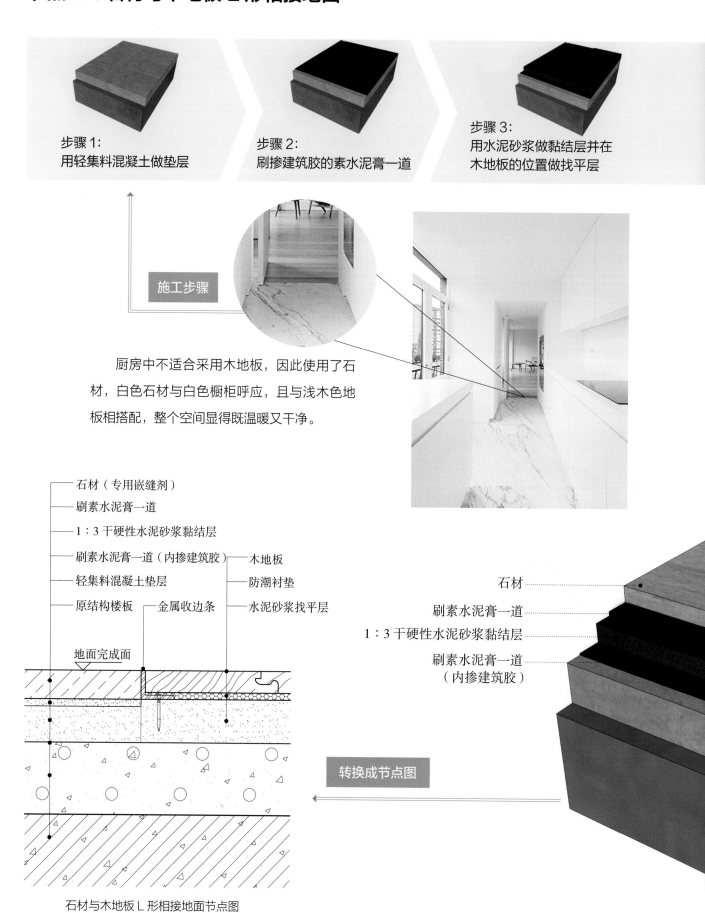

步骤 1：
用轻集料混凝土做垫层

步骤 2：
刷掺建筑胶的素水泥膏一道

步骤 3：
用水泥砂浆做黏结层并在木地板的位置做找平层

施工步骤

厨房中不适合采用木地板，因此使用了石材，白色石材与白色橱柜呼应，且与浅木色地板相搭配，整个空间显得既温暖又干净。

石材（专用嵌缝剂）
刷素水泥膏一道
1:3 干硬性水泥砂浆黏结层
刷素水泥膏一道（内掺建筑胶）——木地板
轻集料混凝土垫层——防潮衬垫
原结构楼板——金属收边条——水泥砂浆找平层

地面完成面

石材
刷素水泥膏一道
1:3 干硬性水泥砂浆黏结层
刷素水泥膏一道（内掺建筑胶）

转换成节点图

石材与木地板 L 形相接地面节点图

步骤 4：
刷素水泥膏一道（内掺建筑胶）

步骤 5：
铺贴石材

步骤 6：
固定 L 形收边条

步骤 7：
铺设防潮衬垫

步骤 8：
铺设木地板

采用 L 形收边条，能够让衔接
处的收边比 U 形收边条更加隐
形，能够和地面上的不锈钢装
饰线条融合在一起。

金属收边条

木地板

防潮衬垫
水泥砂浆找平层

轻集料混凝土垫层

原建筑楼板

节点 18. 石材与木地板搭接地面

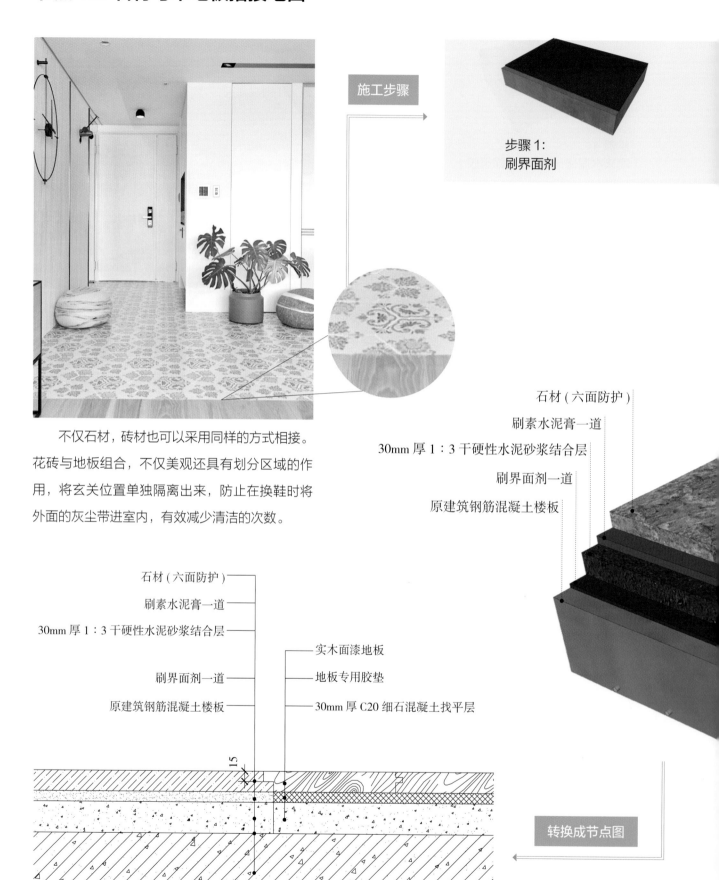

施工步骤

步骤 1：
刷界面剂

不仅石材，砖材也可以采用同样的方式相接。花砖与地板组合，不仅美观还具有划分区域的作用，将玄关位置单独隔离出来，防止在换鞋时将外面的灰尘带进室内，有效减少清洁的次数。

石材 (六面防护)
刷素水泥膏一道
30mm 厚 1：3 干硬性水泥砂浆结合层
刷界面剂一道
原建筑钢筋混凝土楼板

石材 (六面防护)
刷素水泥膏一道
30mm 厚 1：3 干硬性水泥砂浆结合层
刷界面剂一道
原建筑钢筋混凝土楼板

实木面漆地板
地板专用胶垫
30mm 厚 C20 细石混凝土找平层

15

转换成节点图

石材与木地板搭接地面节点图

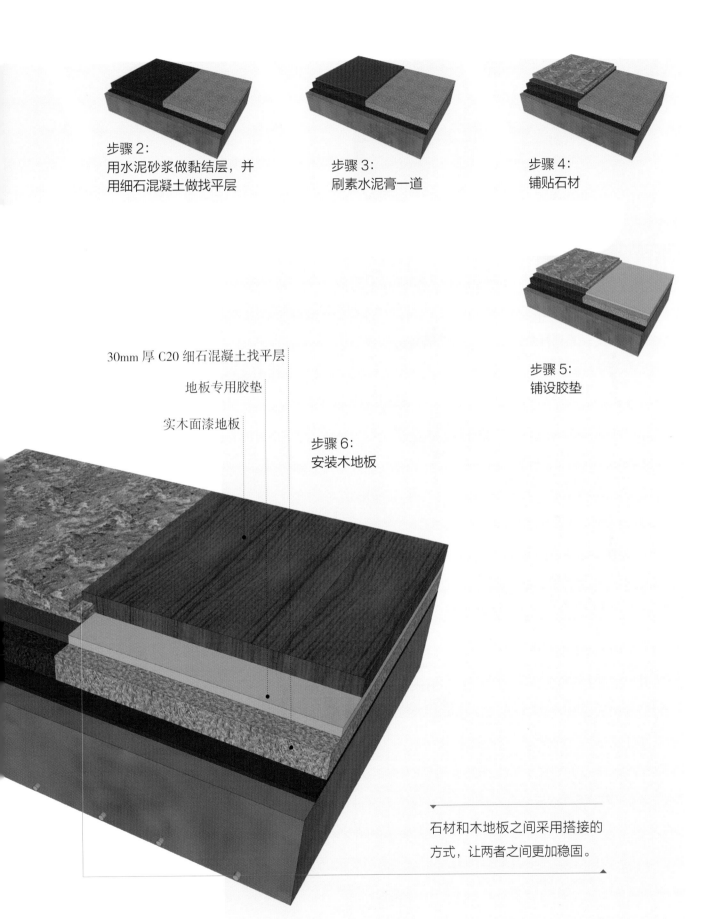

步骤 2：
用水泥砂浆做黏结层，并
用细石混凝土做找平层

步骤 3：
刷素水泥膏一道

步骤 4：
铺贴石材

步骤 5：
铺设胶垫

30mm 厚 C20 细石混凝土找平层

地板专用胶垫

实木面漆地板

步骤 6：
安装木地板

石材和木地板之间采用搭接的
方式，让两者之间更加稳固。

节点 19. 石材与地毯相接地面

通过石材将地毯中间划出了单独的区域，使其在开敞空间中给人相对私密的氛围。

步骤 1：
刷界面剂并找平

施工步骤

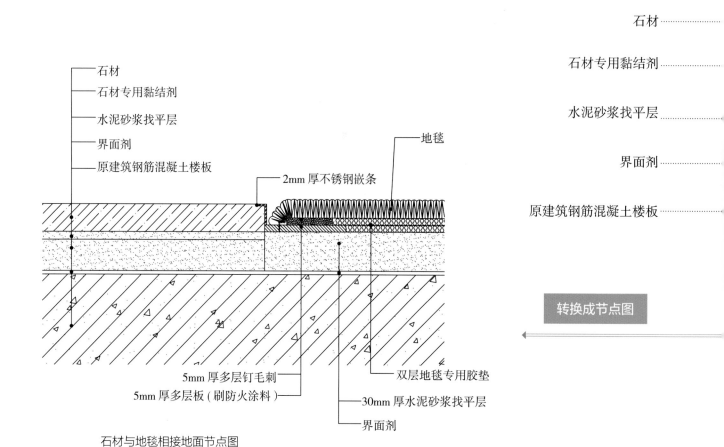

石材

石材专用黏结剂

水泥砂浆找平层

界面剂

原建筑钢筋混凝土楼板

转换成节点图

石材
石材专用黏结剂
水泥砂浆找平层
界面剂
原建筑钢筋混凝土楼板

地毯
2mm 厚不锈钢嵌条

5mm 厚多层钉毛刺
5mm 厚多层板（刷防火涂料）
界面剂
30mm 厚水泥砂浆找平层
双层地毯专用胶垫

石材与地毯相接地面节点图

步骤 2：
刷专用黏结剂并铺贴石材

步骤 3：
铺设地毯专用胶垫

步骤 4：
固定 L 形收边条

步骤 5：
安装倒刺条

步骤 6：
铺地毯

石材与地毯中间用 L 形收边条进行分隔，起到固定和收口的作用，但是石材上方会裸露出部分该嵌条，一定程度上会影响其美观程度。所有室内空间中均可使用该做法。

地毯

双层地毯专用胶垫

5mm 厚多层钉毛刺

5mm 厚多层板（刷防火涂料）

2mm 厚不锈钢嵌条

节点 20. 石材与门槛石相接地面

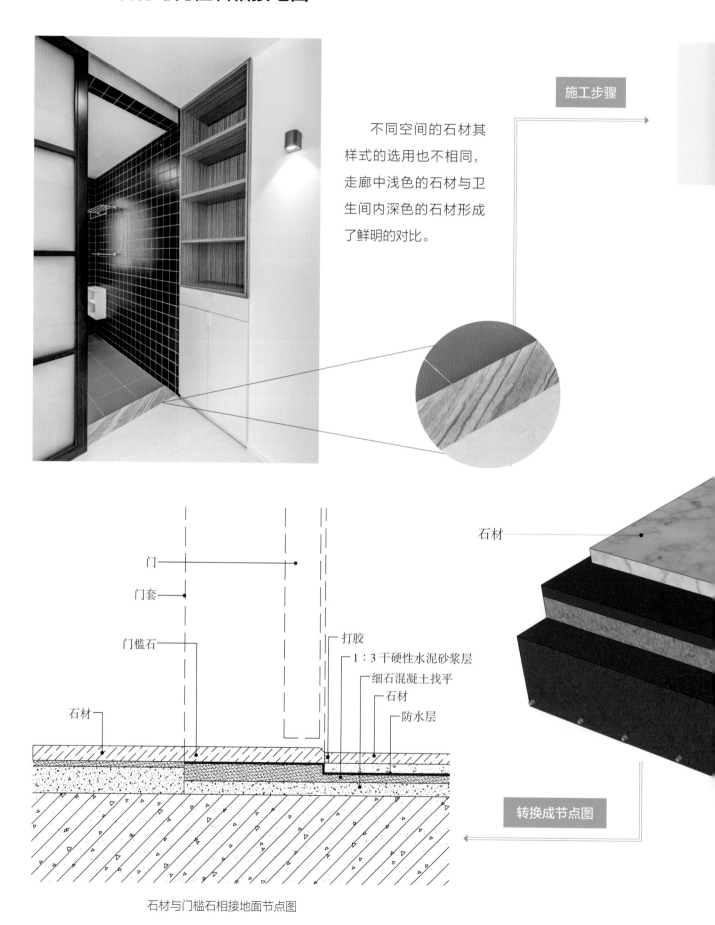

不同空间的石材其样式的选用也不相同，走廊中浅色的石材与卫生间内深色的石材形成了鲜明的对比。

施工步骤

石材

门

门套

门槛石

打胶

1：3 干硬性水泥砂浆层

细石混凝土找平

石材

防水层

石材

转换成节点图

石材与门槛石相接地面节点图

步骤 1：
细石混凝土找平

步骤 2：
做防水层和找平层

步骤 3：
刷素水泥膏一道

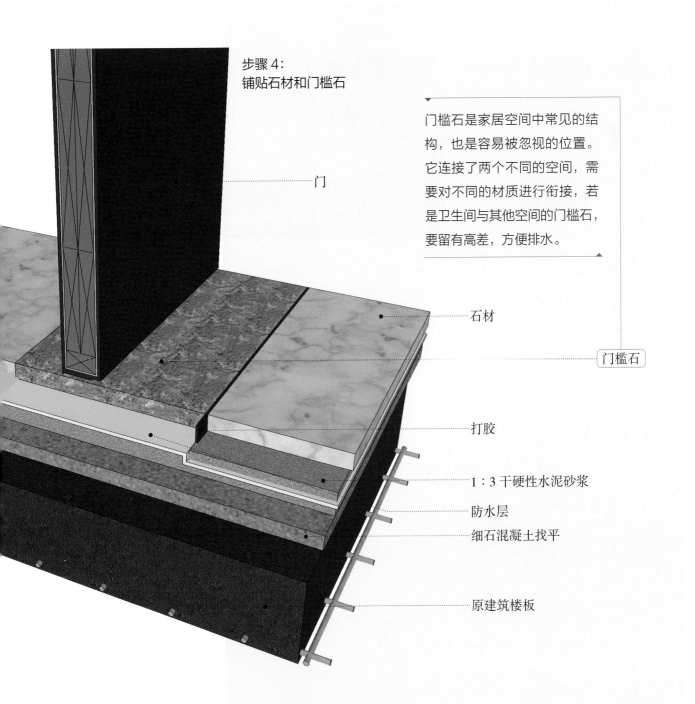

步骤 4：
铺贴石材和门槛石

门

门槛石是家居空间中常见的结构，也是容易被忽视的位置。它连接了两个不同的空间，需要对不同的材质进行衔接，若是卫生间与其他空间的门槛石，要留有高差，方便排水。

石材

门槛石

打胶

1∶3 干硬性水泥砂浆

防水层

细石混凝土找平

原建筑楼板

节点 21. 石材止水坎地面

步骤 1：
刷界面剂

步骤 2：
做防水止水坎

步骤 3：
用水泥砂浆做找平层

一体式带止水坎的门槛石通常被用在卫浴间中，让卫浴间的地面更加整体。

施工步骤

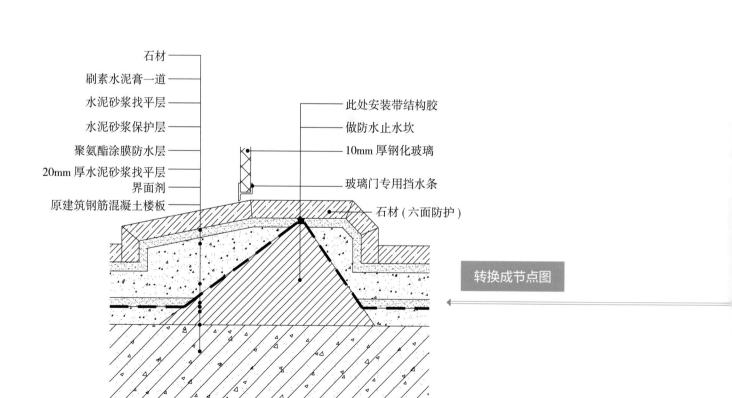

石材

刷素水泥膏一道

水泥砂浆找平层

水泥砂浆保护层

聚氨酯涂膜防水层

20mm 厚水泥砂浆找平层

界面剂

原建筑钢筋混凝土楼板

此处安装带结构胶

做防水止水坎

10mm 厚钢化玻璃

玻璃门专用挡水条

石材 (六面防护)

转换成节点图

石材止水坎地面节点图

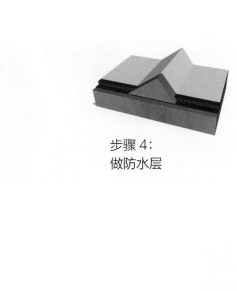

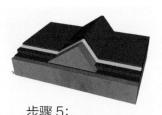

步骤 4：
做防水层

步骤 5：
做防水保护层

步骤 6：
与止水坎做找平层

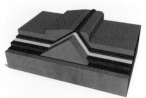

步骤 7：
刷素水泥膏一道

止水坎能够有效地防止有水房间的水通过墙根流向另一个房间，通常被用于卫生间、淋浴间、厨房及阳台。该做法更适用于淋浴间的门槛石处。

步骤 8：
铺贴石材

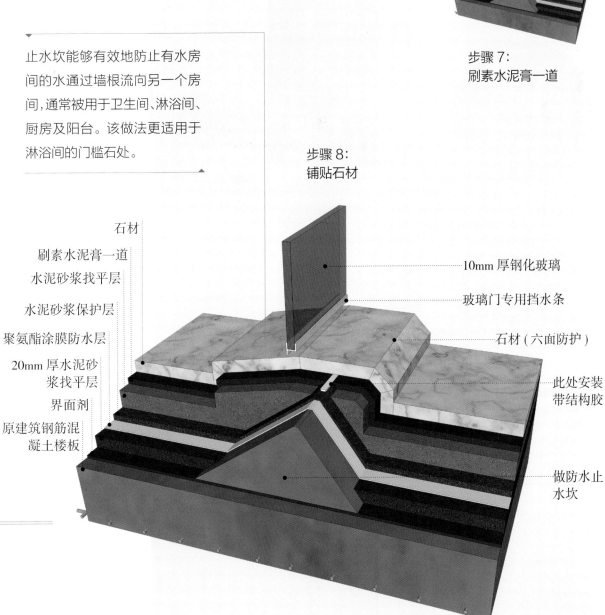

石材

刷素水泥膏一道

水泥砂浆找平层

水泥砂浆保护层

聚氨酯涂膜防水层

20mm 厚水泥砂浆找平层

界面剂

原建筑钢筋混凝土楼板

10mm 厚钢化玻璃

玻璃门专用挡水条

石材（六面防护）

此处安装带结构胶

做防水止水坎

节点 22. 石材与可活动隐藏式地漏相接地面

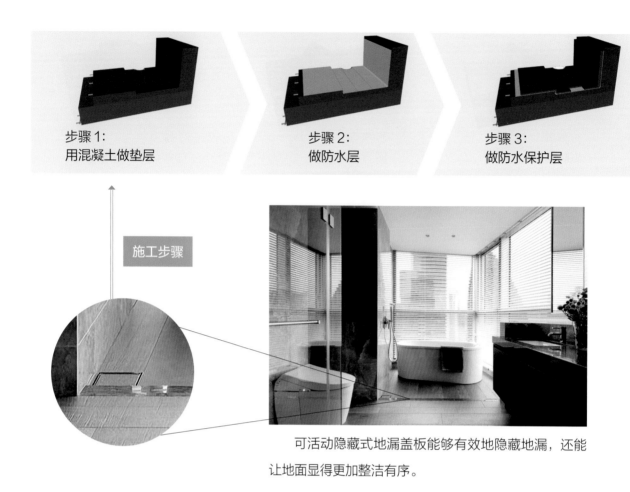

步骤 1：
用混凝土做垫层

步骤 2：
做防水层

步骤 3：
做防水保护层

施工步骤

可活动隐藏式地漏盖板能够有效地隐藏地漏，还能
让地面显得更加整洁有序。

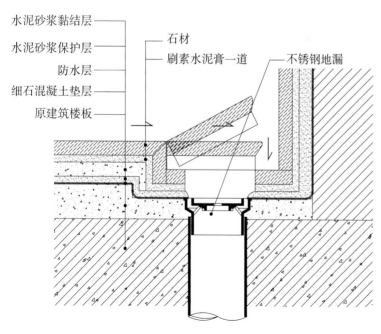

水泥砂浆黏结层

水泥砂浆保护层

防水层

细石混凝土垫层

原建筑楼板

石材

刷素水泥膏一道

不锈钢地漏

转换成节点图

石材与可活动隐藏式地漏相接地面节点图

地漏，是连接排水管道系统与
室内地面的重要接口，其性能
的好坏直接影响室内空气的质
量，对卫浴间异味的控制非常
重要。

步骤 4：
用水泥砂浆做黏结层

步骤 5：
安装地漏

步骤 6：
刷素水泥膏一道

步骤 7：
铺贴石材

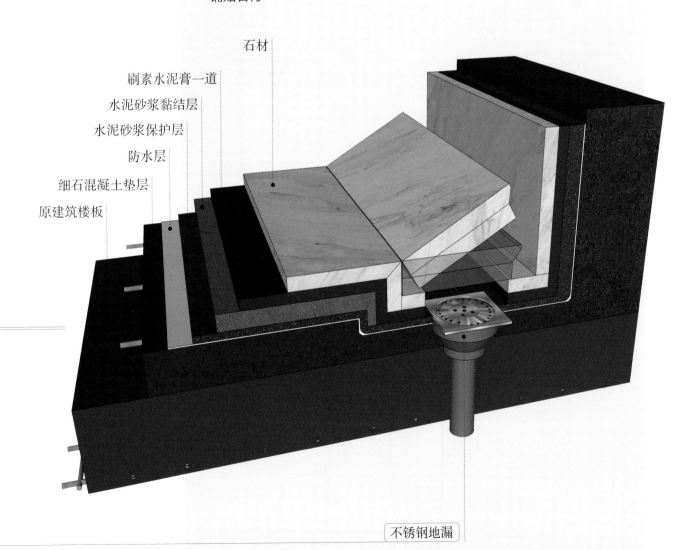

石材

刷素水泥膏一道

水泥砂浆黏结层

水泥砂浆保护层

防水层

细石混凝土垫层

原建筑楼板

不锈钢地漏

节点 23. 石材与不可活动隐藏式地漏相接地面

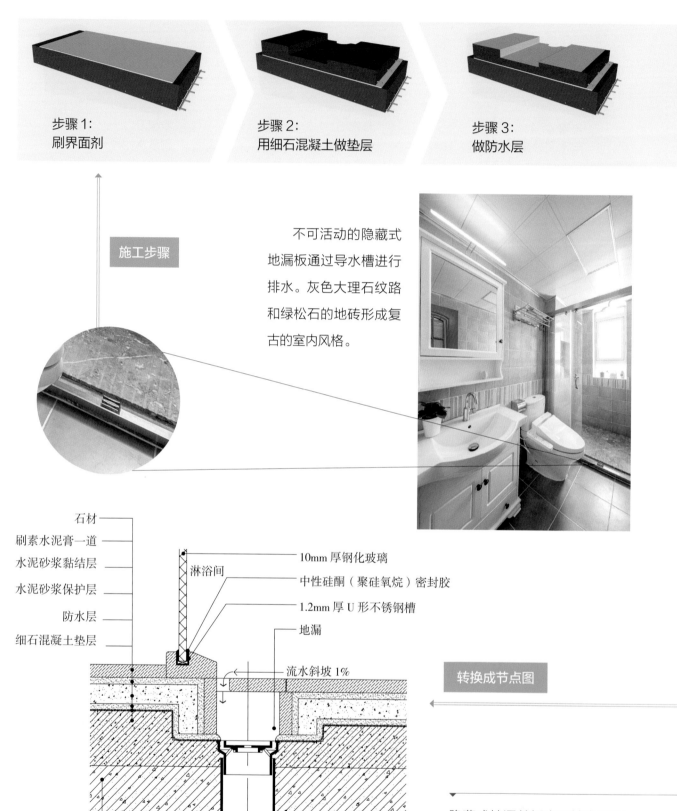

步骤 1：
刷界面剂

步骤 2：
用细石混凝土做垫层

步骤 3：
做防水层

施工步骤

不可活动的隐藏式地漏板通过导水槽进行排水。灰色大理石纹路和绿松石的地砖形成复古的室内风格。

石材
刷素水泥膏一道
水泥砂浆黏结层
水泥砂浆保护层
防水层
细石混凝土垫层

淋浴间

10mm 厚钢化玻璃
中性硅酮（聚硅氧烷）密封胶
1.2mm 厚 U 形不锈钢槽
地漏
流水斜坡 1%

转换成节点图

原建筑楼板
下水管

石材与不可活动隐藏式地漏相接地面节点图

隐藏式地漏盖板表面被瓷砖遮盖住，与周围瓷砖可以和谐地融合在一起，效果美观、整体。

步骤 4：
做防水保护层

步骤 5：
用水泥砂浆做黏结层

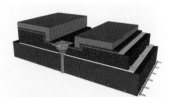

步骤 6：
安装地漏

步骤 7：
刷素水泥膏一道

步骤 8：
铺贴石材

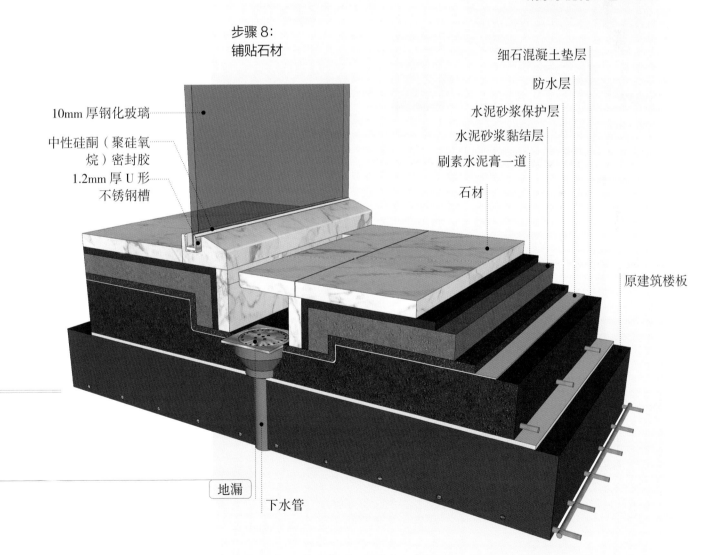

10mm 厚钢化玻璃

中性硅酮（聚硅氧烷）密封胶

1.2mm 厚 U 形不锈钢槽

细石混凝土垫层

防水层

水泥砂浆保护层

水泥砂浆黏结层

刷素水泥膏一道

石材

原建筑楼板

地漏

下水管

节点 24. 石材与明装地漏相接地面

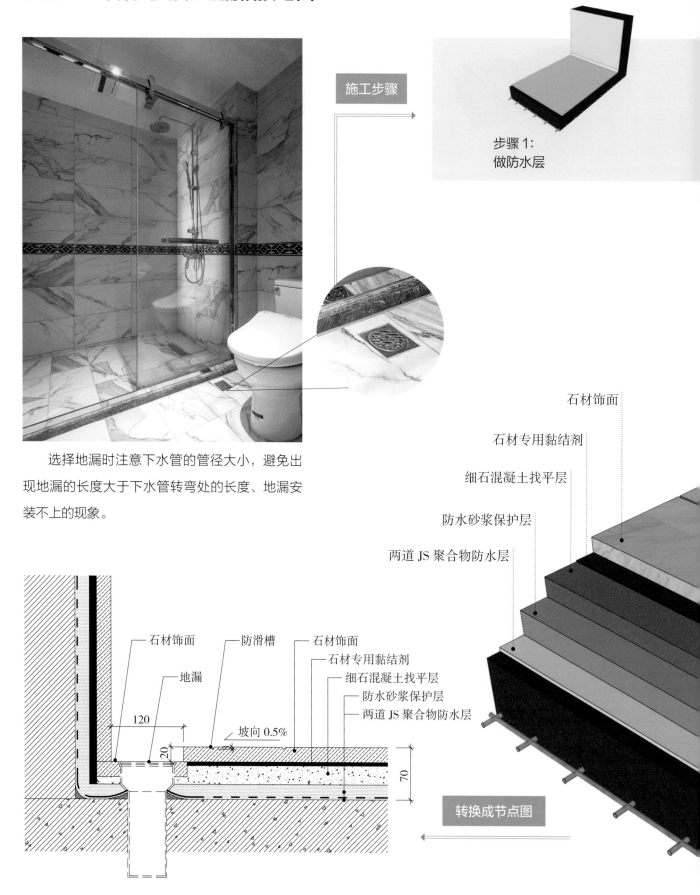

施工步骤

步骤1：
做防水层

选择地漏时注意下水管的管径大小，避免出现地漏的长度大于下水管转弯处的长度、地漏安装不上的现象。

石材饰面

石材专用黏结剂

细石混凝土找平层

防水砂浆保护层

两道 JS 聚合物防水层

石材饰面　防滑槽　石材饰面

石材专用黏结剂

细石混凝土找平层

防水砂浆保护层

两道 JS 聚合物防水层

地漏

120

20

坡向 0.5%

70

转换成节点图

石材与明装地漏相接地面节点图

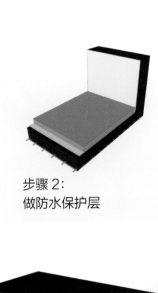

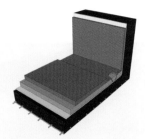

步骤 2：
做防水保护层

步骤 3：
用细石混凝土做找平层

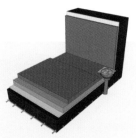

步骤 4：
安装地漏

步骤 5：
刷专用黏结剂

步骤 6：
铺贴石材

地漏

防滑槽

传统的明装地漏盖板由于接水面积较小，所以排水速度一般，可以通过切割周围瓷砖做倾斜处理，加快它的排水速度。

节点 25. 石材导水槽地面

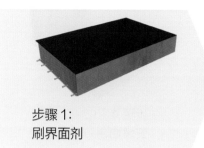

步骤 1：
刷界面剂

步骤 2：
设止水坎

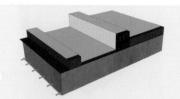

步骤 3：
做找平层和防水层

施工步骤

淋浴间内的导水槽
高度为 50~80mm 较为
合适，可以拦截淋浴的
水，便于清理。

12mm 厚钢化玻璃

结构胶

4mm×4mm 倒角

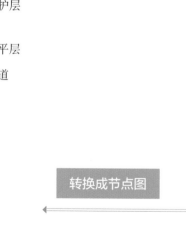

转换成节点图

12mm 厚钢化玻璃
橡胶垫
结构胶
1.2mm 厚 U 形不锈钢槽
4mm×4mm 倒角
石材（六面防护）

止水坎

石材（六面防护）
刷素水泥膏一道
水泥砂浆黏结层
水泥砂浆保护层
防水层
水泥砂浆找平层
刷界面剂一道
原建筑楼板

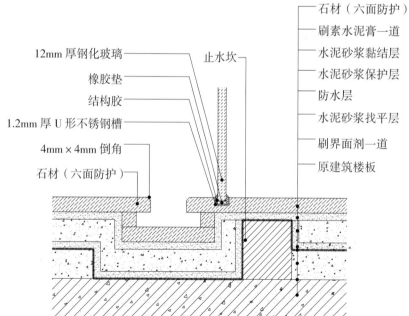

石材导水槽地面节点图

步骤 4：
做防水保护层

步骤 5：
用水泥砂浆做黏结层

步骤 6：
刷素水泥膏一道

步骤 7：
铺贴石材

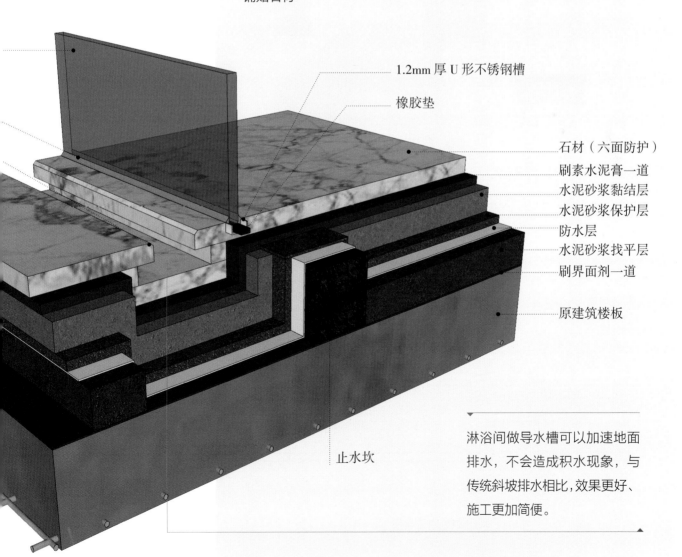

1.2mm 厚 U 形不锈钢槽

橡胶垫

石材（六面防护）
刷素水泥膏一道
水泥砂浆黏结层
水泥砂浆保护层
防水层
水泥砂浆找平层
刷界面剂一道

原建筑楼板

止水坎

淋浴间做导水槽可以加速地面排水，不会造成积水现象，与传统斜坡排水相比，效果更好、施工更加简便。

节点 26. 石材斜坡导水槽地面

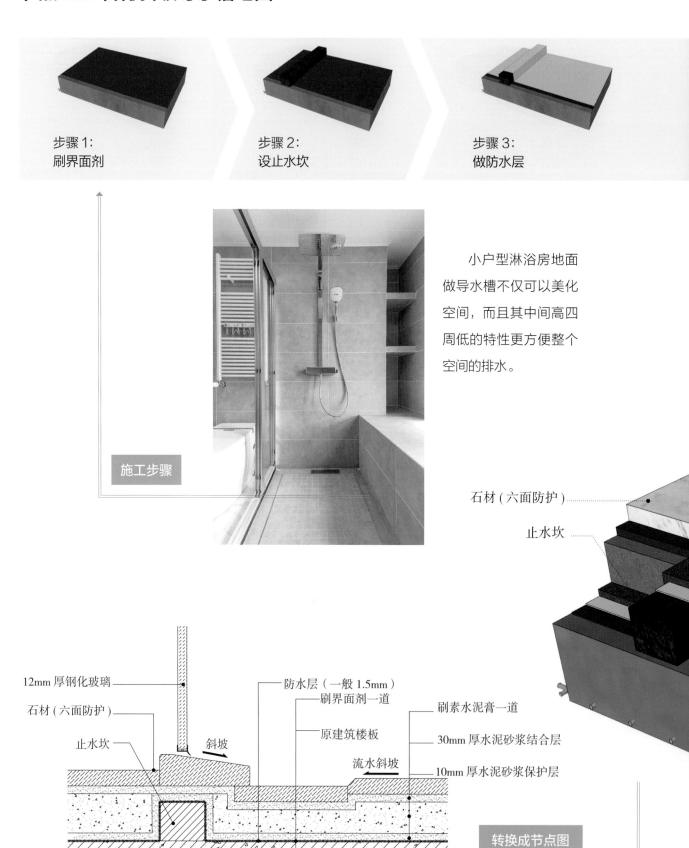

步骤1：
刷界面剂

步骤2：
设止水坎

步骤3：
做防水层

施工步骤

小户型淋浴房地面做导水槽不仅可以美化空间，而且其中间高四周低的特性更方便整个空间的排水。

石材（六面防护）

止水坎

12mm 厚钢化玻璃

石材（六面防护）

止水坎

斜坡

防水层（一般 1.5mm）

刷界面剂一道

原建筑楼板

流水斜坡

刷素水泥膏一道

30mm 厚水泥砂浆结合层

10mm 厚水泥砂浆保护层

转换成节点图

石材斜坡导水槽地面节点图

步骤 4：
做防水保护层

步骤 5：
用水泥砂浆做结合层

步骤 6：
刷素水泥膏一道

步骤 7：
铺贴石材

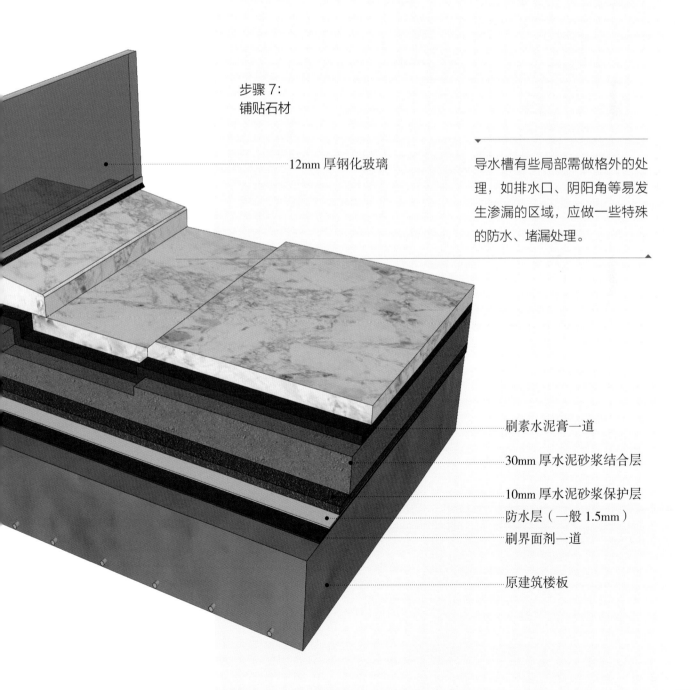

12mm 厚钢化玻璃

导水槽有些局部需做格外的处理，如排水口、阴阳角等易发生渗漏的区域，应做一些特殊的防水、堵漏处理。

刷素水泥膏一道

30mm 厚水泥砂浆结合层

10mm 厚水泥砂浆保护层

防水层（一般 1.5mm）

刷界面剂一道

原建筑楼板

节点 27. 石材挡水坎

施工步骤

步骤1：
做防水层

人造石做成的挡水坎，耐腐蚀、易清洁、无毒防臭，是受众颇广的挡水坎材质。挡水坎能有效地防止淋浴间的水外溢，一般的淋浴间都适合使用挡水坎。

防水砂浆保护层
两道 JS 防水层
建筑楼板

玻璃隔断

石材饰面
石材专业黏结剂
细石混凝土找平层
防水砂浆保护层
两道 JS 防水层
建筑楼板

石材饰面
石材专业黏结剂
细石混凝土找平层
防水砂浆保护层
两道 JS 防水层
建筑楼板

转换成节点图

石材挡水坎节点图

步骤 2:
做防水保护层

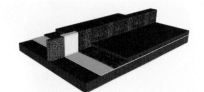

步骤 3:
用细石混凝土做找平层

步骤 4:
刷专用黏结剂

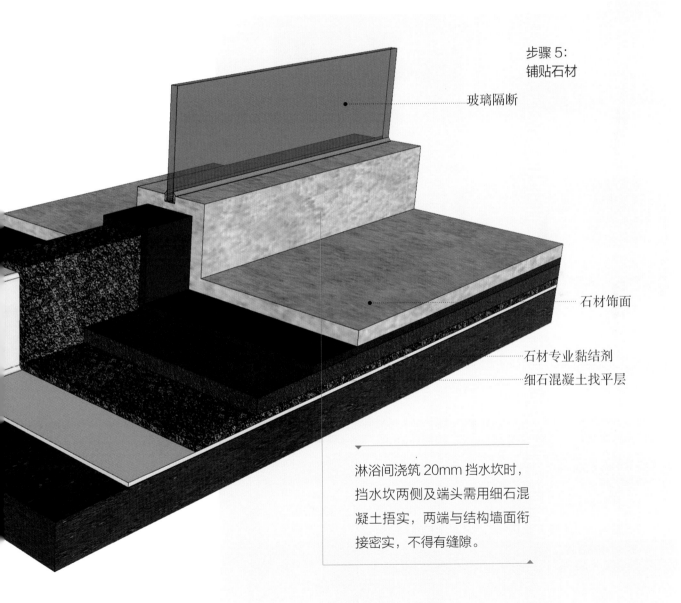

步骤 5:
铺贴石材

玻璃隔断

石材饰面

石材专业黏结剂

细石混凝土找平层

淋浴间浇筑 20mm 挡水坎时，挡水坎两侧及端头需用细石混凝土捂实，两端与结构墙面衔接密实，不得有缝隙。

节点 28. 石材门槛和铝型材轨道相接

步骤 1:
刷界面剂并做防水层

步骤 2:
做找平层

步骤 3:
用水泥砂浆做黏结层

施工步骤

淋浴间的挡水坎可以有效地拦截淋浴水漫出，清洁地面的同时，还能保持室内其余空间的干燥。

铝型材移门下轨道预埋
石材
地毯
专用弹性胶垫
水泥砂浆找平层
刷界面剂一道
原建筑楼板

中性硅酮（聚硅氧烷）耐候胶
刷素水泥膏一道
水泥砂浆黏结层

防腐木
30mm×40mm 木龙骨（防水处理）
柔性防水

地毯
专用弹性胶垫
水泥砂浆找平层
刷界面剂一道
原建筑楼板

转换成节点图

石材门槛和铝型材轨道相接节点图

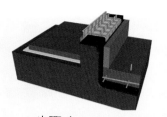

步骤 4：
预埋下轨道

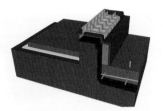

步骤 5：
刷专用黏结剂

步骤 6：
铺贴石材

步骤 7：
安装木地板和地毯

该做法适用于门槛与地面相平
的需求。

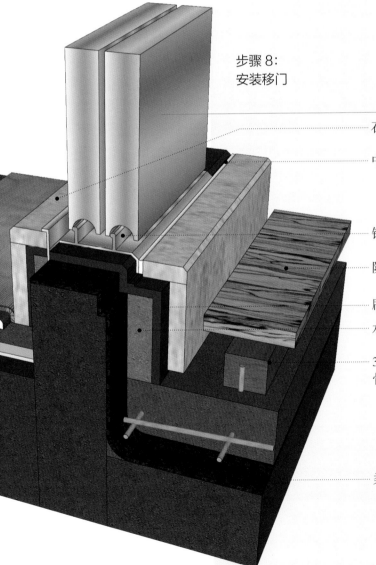

步骤 8：
安装移门

石材

中性硅酮（聚硅氧烷）耐候胶

铝型材移门下轨道预埋

防腐木

刷素水泥膏一道
水泥砂浆黏结层

30mm×40mm 木龙
骨（防水处理）

柔性防水

节点 29. 石材门槛和铝型材轨道齐平相接

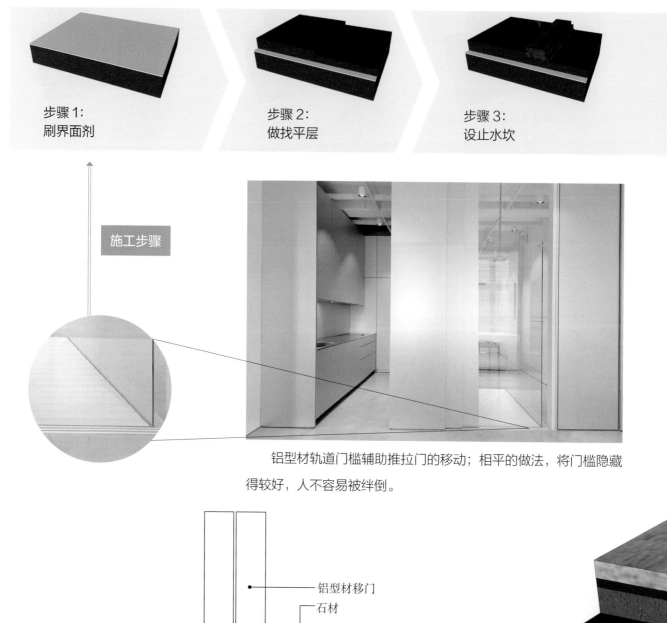

步骤 1:
刷界面剂

步骤 2:
做找平层

步骤 3:
设止水坎

施工步骤

铝型材轨道门槛辅助推拉门的移动；相平的做法，将门槛隐藏得较好，人不容易被绊倒。

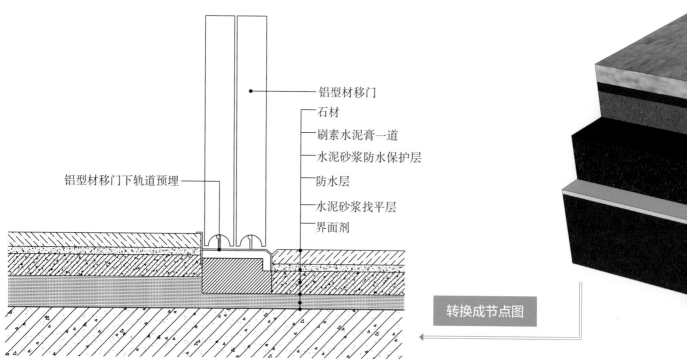

铝型材移门

石材

刷素水泥膏一道

水泥砂浆防水保护层

防水层

水泥砂浆找平层

界面剂

铝型材移门下轨道预埋

转换成节点图

石材门槛和铝型材轨道齐平相接节点图

步骤 4：
做防水层

步骤 5：
做防水保护层

步骤 6：
刷素水泥膏一道

步骤 8：
铺贴石材和铝型材移门

步骤 7：
安装铝型材轨道

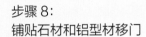

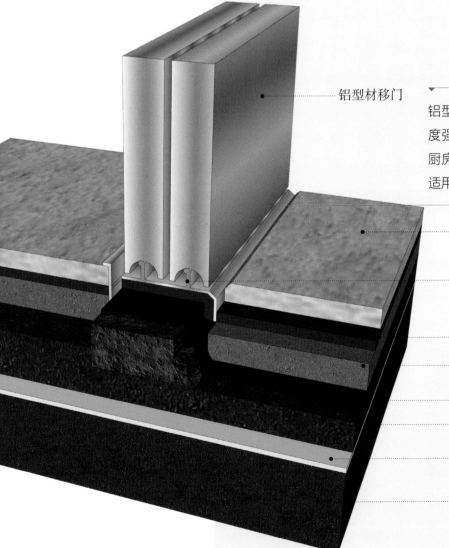

铝型材移门

铝型材轨道门槛具有质轻、硬
度强的优点，一般用于阳台、
厨房或卫生间的位置。该做法
适用于门槛石高于地面的情况。

石材

铝型材移门下轨道预埋

刷素水泥膏一道
水泥砂浆防水保护层

防水层
水泥砂浆找平层

界面剂

原建筑楼板

专题 ▶ 石材地面设计与施工的关键点

✦ 材质分类

花白色系
白底带有纹理

棕色系
百搭，但种类较少

红色系
浓烈、华丽，适合小面积使用

黑色系
色彩最暗，在小空间内使用

黄色系
温馨，纹理多样

花岗岩
在家居空间的地面中更为常见

花岗岩选购技巧。
①观察表面结构，质地细腻是质量好的体现。
②听敲击声，敲击声清脆悦耳则证明花岗岩质量好。
③用一小滴墨水滴在花岗岩背面，如果墨滴在原位，不移动，则证明石材质地良好。

米黄色系
高雅、简洁，可大面积使用

灰色系
柔和、温馨，使用较多，可大面积使用

黑色系
庄严、肃穆，适合局部使用

白色系
简洁、明亮，可大面积使用

大理石
不管是展示空间、商业空间还是家居空间的地面中均适用

天然石材

大理石选购技巧。
①检查外观质量，优等品缺陷最不明显。
②选色调基本一致、色差较小、花纹美观的产品。
③一般来说优质大理石应具有镜面一样的光泽。

板岩选购技巧。
①优质的板岩不会含有太多的杂色，且色彩分布比较均匀。
②板岩表面无粗糙感则为优质品。
③看检测报告，根据国家标准，室内空间应使用A类产品。

黑色系
很少满铺地面做装饰

板岩
在商业空间和家居空间的地面中较为常见

幻彩色系
变化较多，有个性，可用于室内地面

黄色系
浅褐色带有减层叠式的纹理，适合用于装饰地面

绿色系
自然，在地面上可小面积使用

红色系
暗红色或朱红色,多小面积使用或做浮雕

绿色系
在地面上可做小面积点缀或做浮雕

黄色系
黄色或米黄色,使用频率较高,在地面上使用较少

砂岩
在商业空间和家居空间的地面中较为常见

灰色系
颜色百搭,可随意使用

黑色系
有浓黑、浅黑色,很少大面积使用

砂岩选购技巧。
①敲击砂岩,质量好的砂岩其敲击声清脆悦耳。
②观察表面,看着拥有均匀的细料,有细腻的质感,则砂岩质量较好。

木纹
类似木纹的纹理,在地面上可大面积使用

灰色系
带状条纹,纹理独特、层次分明,在地面上可大面积使用

米黄色系
华丽,在地面上可做局部装饰

玉石
更加常见于商业空间及酒店空间当中

绿色系
具有自然感,在地面上可做局部装饰

红色系
可做拼接、追纹设计,在地面上可做局部装饰

玉石选购技巧。
①好的天然玉石透明度较强,具有油脂光泽。
②敲击玉石,声音清脆则证明是天然玉石。

蓝色系
纹路不规则,华丽、大气,在地面上可做局部装饰

原色水磨石
色彩素雅，较为粗糙，更常见于
工厂或商业空间中

人造水磨石
多出现于商业空间中

彩色水磨石
色彩丰富，被用于商业空间或家居空间中

人造石材选购技巧。
①先看表面颗粒是否均匀，是否能隐约看到下一层的
颗粒，看得越清晰证明材料品质越高。
②表面色彩一致，且光滑无裂痕，则石材品质较好。
③看侧面是否有气泡，若有气泡，证明材料品质较低。
④现场安装时切割下来的小薄片（厚度2mm以内），
看其是否有弹性和韧性，弹性和韧性越好，品质越好。

人造石材

仿天然大理石纹理
基本不含颗粒，变化性大，装饰性
较强，适用于做地面装饰

细颗粒纹理
装饰效果较素雅，可大面积
使用在地面上

人造大理石
任何空间中都较为
适用

适中颗粒纹理
素雅中略带活泼感，厨房等
容易被污染的空间中适用

大颗粒纹理
大颗粒纹理的颗粒物质较大，自然感较强

◢ 通用工艺

石材做地面装饰时，根据空间的需求可大致分为三种，不需要做地暖和防水施工的非特殊空间，需要做地暖的地暖空间，以及需要做防水层的防水空间，如卫生间这类水比较多的空间。

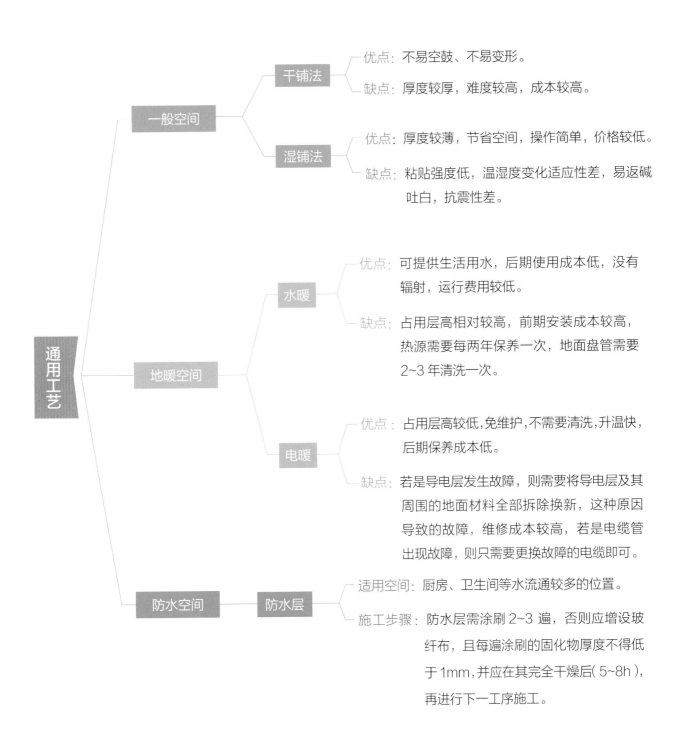

一般空间

干铺法
优点：不易空鼓、不易变形。
缺点：厚度较厚，难度较高，成本较高。

湿铺法
优点：厚度较薄，节省空间，操作简单，价格较低。
缺点：粘贴强度低，温湿度变化适应性差，易返碱吐白，抗震性差。

通用工艺

地暖空间

水暖
优点：可提供生活用水，后期使用成本低，没有辐射，运行费用较低。
缺点：占用层高相对较高，前期安装成本较高，热源需要每两年保养一次，地面盘管需要2~3年清洗一次。

电暖
优点：占用层高较低，免维护，不需要清洗，升温快，后期保养成本低。
缺点：若是导电层发生故障，则需要将导电层及其周围的地面材料全部拆除换新，这种原因导致的故障，维修成本较高，若是电缆管出现故障，则只需要更换故障的电缆即可。

防水空间

防水层
适用空间：厨房、卫生间等水流通较多的位置。
施工步骤：防水层需涂刷2~3遍，否则应增设玻纤布，且每遍涂刷的固化物厚度不得低于1mm，并应在其完全干燥后（5~8h），再进行下一工序施工。

◤ 搭配技巧

根据纹理特点决定使用面积

石材的纹理总体可分为两种类型：一种是纹理和底色相差小且较规则的类型，此类石材既可大面积使用，也可做小面积装饰；另一种是纹理比较夸张的类型，此类石材若大面积使用易混乱，更适合做小面积地面拼花。

颗粒均匀且规则的浅色水磨石做大面积的地面装饰，低饱和的地面和墙面颜色，调和了通体白色的单调，又避免了红色的夺目，两者相互映衬恰到好处。

用彩色且不规则的石材进行局部铺贴，更加突出了入口的区域，也为单调的灰色系空间添加了浓郁的色彩。

地面造型与吊顶造型做呼应

在进行地面设计的时候可以与吊顶的造型进行呼应，隐形地分割空间，还能丰富地面，避免空间过于单调。

地面造型和吊顶相呼应，隐形地分割了服务台和休息区两个功能，相比屏风等隔断而言能够让空间更加开阔，减少阻塞感。

墙地通铺做卫浴材料

石材可墙地通铺，做整体性的空间装饰，使得狭小的卫浴间更加具有延伸感，有扩大空间的效果。

灰色的板岩具有天然独特的纹理，其持久耐用以及防滑的优点，使之成为理想的浴室材料。

不同色系营造不同空间氛围

 白色系石材　　 深色系木地板

白色系石材 + 深色系木地板彰显高端、大气

简洁的白色和木地板的纹理感，让空间有繁有简，左右两个空间更加均衡。

灰色系石材 + 浅色系木地板低调又有张力

色系相近的两种材质让空间更有整体感，夸张的石材花纹，丰富了空间的层次，让地面更加有张力。

 灰色系石材　　 浅色系木地板

 黑色系石材 浅色系木地板

黑色系石材+浅色系木地板更凸显都市风格

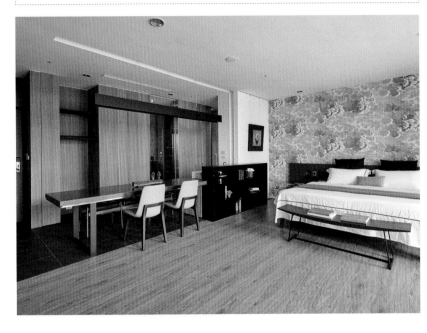

黑色系石材单独做装饰会稍显冷酷，但和木地板相搭配则柔和了这份冷酷，让空间多了几分人情味，更加具有现代感和都市感。

黄色系石材+黑色系石材营造明快的空间氛围

 黄色系石材 黑色系石材

黄色系石材给通体黑白的空间加入了色彩，增加了一点活泼感，减轻了黑色带来的沉闷感。

砖材

　　砖材是地面的常见材料之一，其色彩丰富多样，还可以与石材搭配做拼花，以此来丰富地面。砖材实用性强，款式和花色众多，为设计师提供了广阔的可选择性。而且随着技术的不断突破，产品的致密度、耐磨度、抗污性及表面处理等方式不断进步，尺寸也不断地突破界限，还出现了很多非方形的尺寸，让设计师可以有更多的选择。

第三章

节点 30. 砖材地面

灰色系的花砖和空间整体色调相符，花哨的花砖也给稍显沉闷的空间带来了俏皮感。

施工步骤

20mm 厚水泥砂浆结合层

40mm 厚 1：3 水泥砂浆找平层

刷界面剂一道

原建筑钢筋混凝土楼板

缝大小根据设计要求

地砖

20mm 厚水泥砂浆结合层

40mm 厚 1：3 水泥砂浆找平层

界面剂一道

原建筑钢筋混凝土楼板

转换成节点图

砖材地面节点图

步骤1：
刷界面剂

步骤2：
做找平层

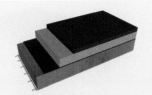

步骤3：
用水泥砂浆做结合层

步骤4：
铺地砖

地砖主要用作地面装修，利用自身的颜色和质地营造出不同风格的室内环境。更常见于家居空间、办公空间和商业空间中。

地砖

节点 31. 带防水层的砖材地面

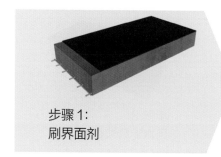

步骤 1:
刷界面剂

步骤 2:
做找平层

步骤 3:
做防水层

施工步骤

添加防水层的节点结构通常用于卫生间、厨房这类空间中。暖灰色砖的使用改变了传统卫浴间材料的冷感，使其更温馨。

—地砖
—专用黏结剂
—1：3干硬性水泥砂浆找平层
—防水保护层
—防水层（一般1.5mm）
—防水基层找平
—刷界面剂一道
—原建筑钢筋混凝土楼板

转换成节点图

带防水层的砖材地面节点图

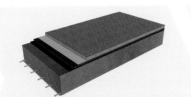

步骤 4：
做防水保护层

步骤 5：
用水泥砂浆做找平层

步骤 6：
刷专用黏结剂

步骤 7：
铺地砖

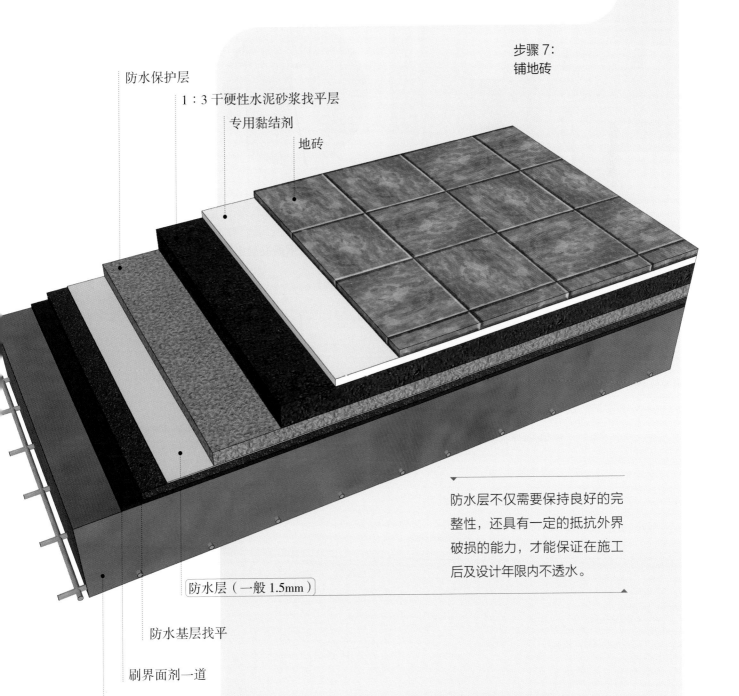

防水保护层

1：3 干硬性水泥砂浆找平层

专用黏结剂

地砖

防水层（一般 1.5mm）

防水基层找平

刷界面剂一道

原建筑钢筋混凝土楼板

防水层不仅需要保持良好的完整性，还具有一定的抵抗外界破损的能力，才能保证在施工后及设计年限内不透水。

节点 32. 不锈钢嵌条和砖材相接地面

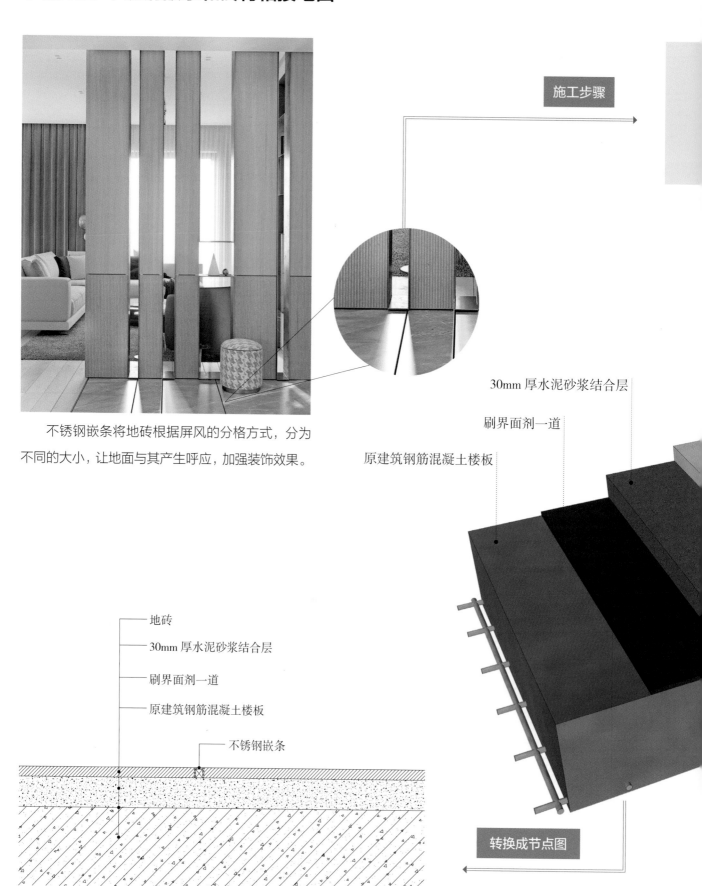

不锈钢嵌条将地砖根据屏风的分格方式，分为不同的大小，让地面与其产生呼应，加强装饰效果。

施工步骤

30mm 厚水泥砂浆结合层

刷界面剂一道

原建筑钢筋混凝土楼板

地砖

30mm 厚水泥砂浆结合层

刷界面剂一道

原建筑钢筋混凝土楼板

不锈钢嵌条

转换成节点图

不锈钢嵌条和砖材相接地面节点图

步骤1：
刷界面剂

步骤2：
用水泥砂浆做结合层

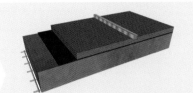

步骤3：
固定不锈钢嵌条

地砖

步骤4：
铺地砖

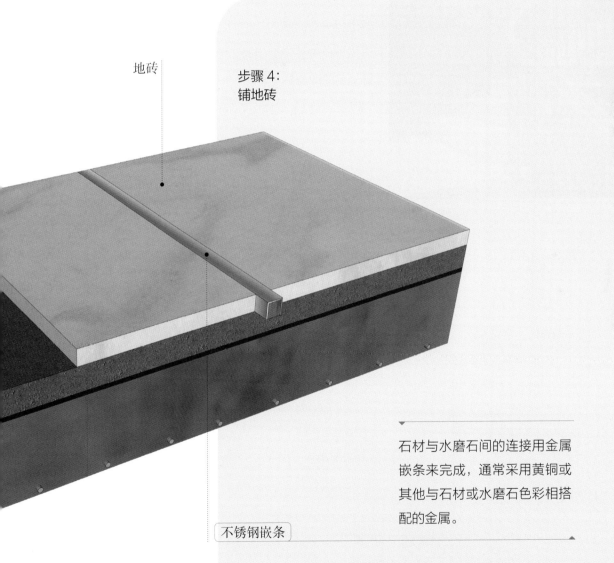

不锈钢嵌条

石材与水磨石间的连接用金属
嵌条来完成，通常采用黄铜或
其他与石材或水磨石色彩相搭
配的金属。

节点 33. 混凝土结构楼梯砖材踏步地面

地砖踏步相较于石材踏步具有更好的耐磨性，价格相对便宜，但地砖硬脆的特性使其更容易损坏，施工不当会出现起壳剥落的现象，铺贴后还需要进行一段时间的养护。故在选择地砖做楼梯踏步时，需做好一定的取舍。

施工步骤

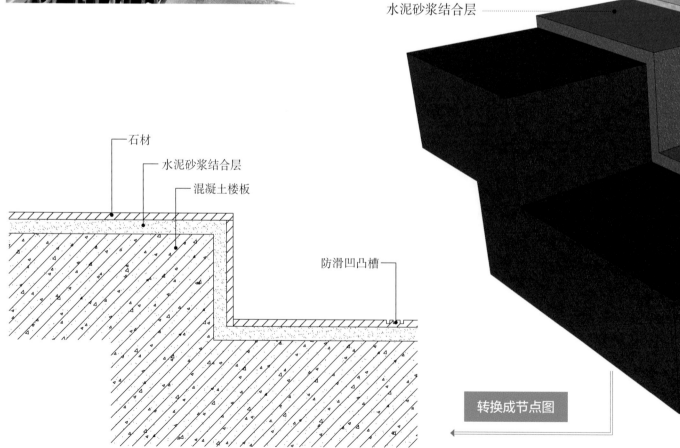

水泥砂浆结合层

石材

水泥砂浆结合层

混凝土楼板

防滑凹凸槽

转换成节点图

混凝土砖材踏步地面节点图

步骤 1：
踏步结构安装

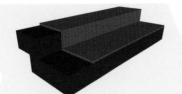

步骤 2：
用水泥砂浆做结合层

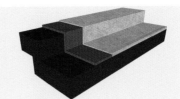

步骤 3：
铺地砖

步骤 4：
设防滑凹凸槽

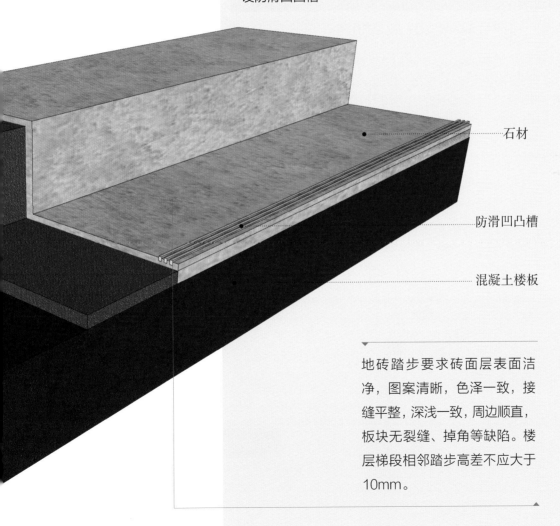

石材

防滑凹凸槽

混凝土楼板

地砖踏步要求砖面层表面洁净，图案清晰，色泽一致，接缝平整，深浅一致，周边顺直，板块无裂缝、掉角等缺陷。楼层梯段相邻踏步高差不应大于10mm。

节点 34. 带金属防滑条的砖材踏步地面

带有金属条的瓷砖踏步，能够增加摩擦，起到防滑的作用。

施工步骤

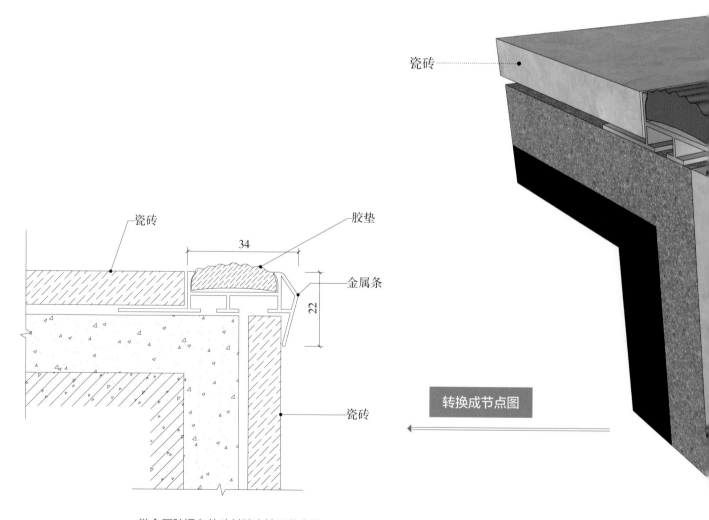

瓷砖

瓷砖

胶垫

34

金属条

22

瓷砖

转换成节点图

带金属防滑条的砖材踏步地面节点图

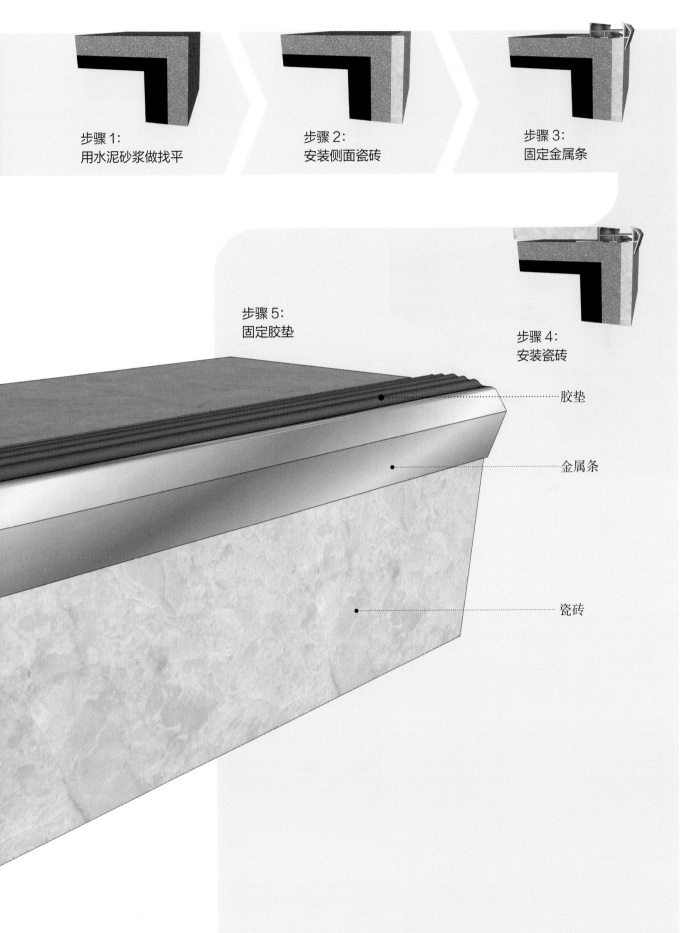

步骤 1:
用水泥砂浆做找平

步骤 2:
安装侧面瓷砖

步骤 3:
固定金属条

步骤 5:
固定胶垫

步骤 4:
安装瓷砖

胶垫

金属条

瓷砖

节点 35. 钢结构楼梯砖材踏步地面

钢的结构让楼梯整体显得更加轻盈，减少了沉闷感，而且仿大理石纹理的砖材和铜扶手结合，更能彰显贵气。

施工步骤

结构胶

LED 灯带

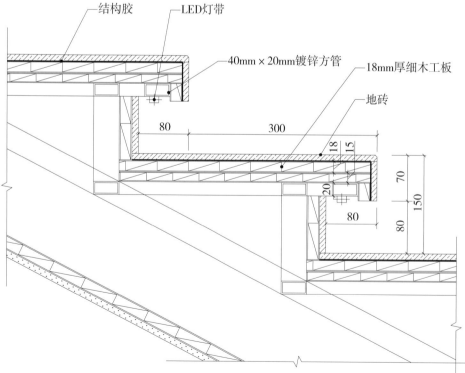

结构胶　　　LED灯带

40mm×20mm镀锌方管　　　18mm厚细木工板

地砖

80　　　300

18
15

20

70

80

150

80

钢结构砖材踏步地面节点图

转换成节点图

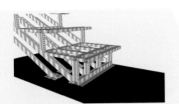

步骤 1：
用镀锌方管做楼梯骨架

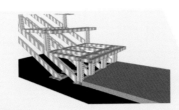

步骤 2：
用水泥砂浆做底层地面的黏结层

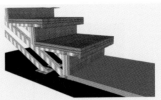

步骤 3：
用细木工板做基层板

步骤 4：
铺地砖

步骤 5：
固定 LED 灯带

40mm×20mm 镀锌方管

18mm 厚细木工板

地砖

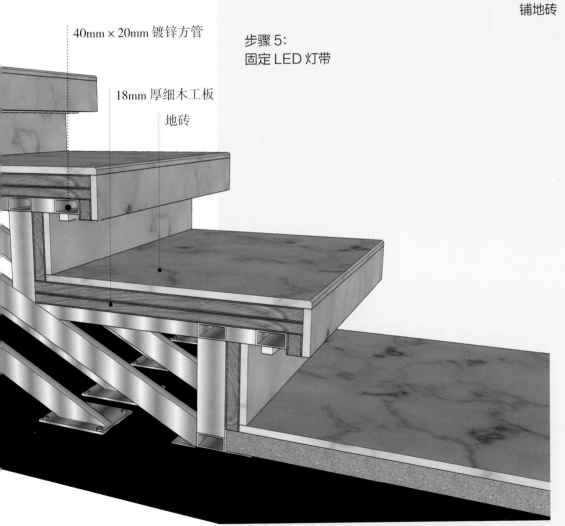

节点 36. 砖材与木地板 L 形相接地面

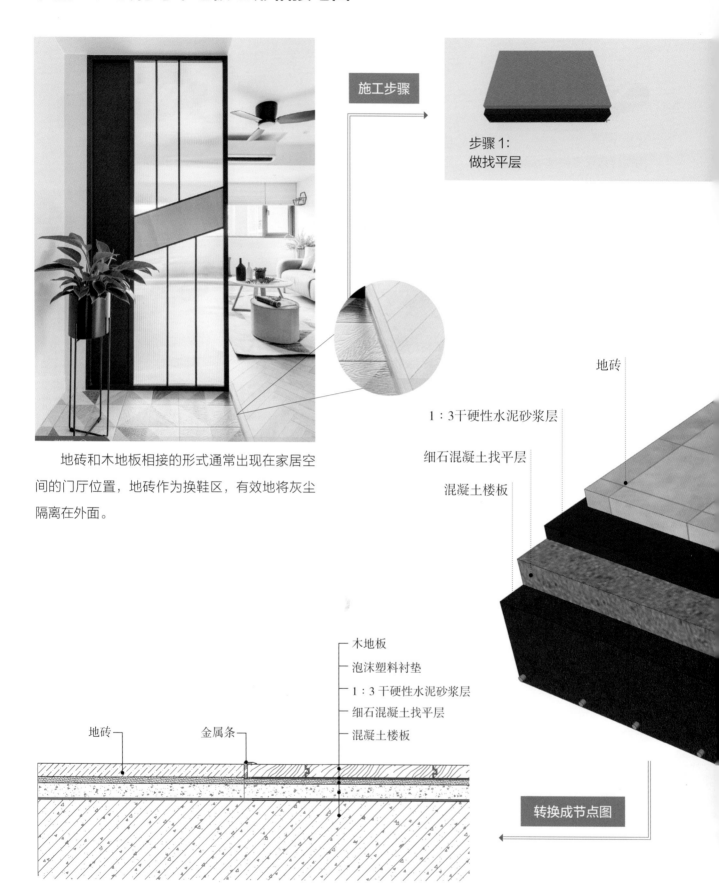

施工步骤

步骤1：
做找平层

地砖和木地板相接的形式通常出现在家居空间的门厅位置，地砖作为换鞋区，有效地将灰尘隔离在外面。

地砖

1：3 干硬性水泥砂浆层

细石混凝土找平层

混凝土楼板

木地板
泡沫塑料衬垫
1：3 干硬性水泥砂浆层
细石混凝土找平层
混凝土楼板

地砖   金属条

转换成节点图

砖材与木地板 L 形相接地面节点图

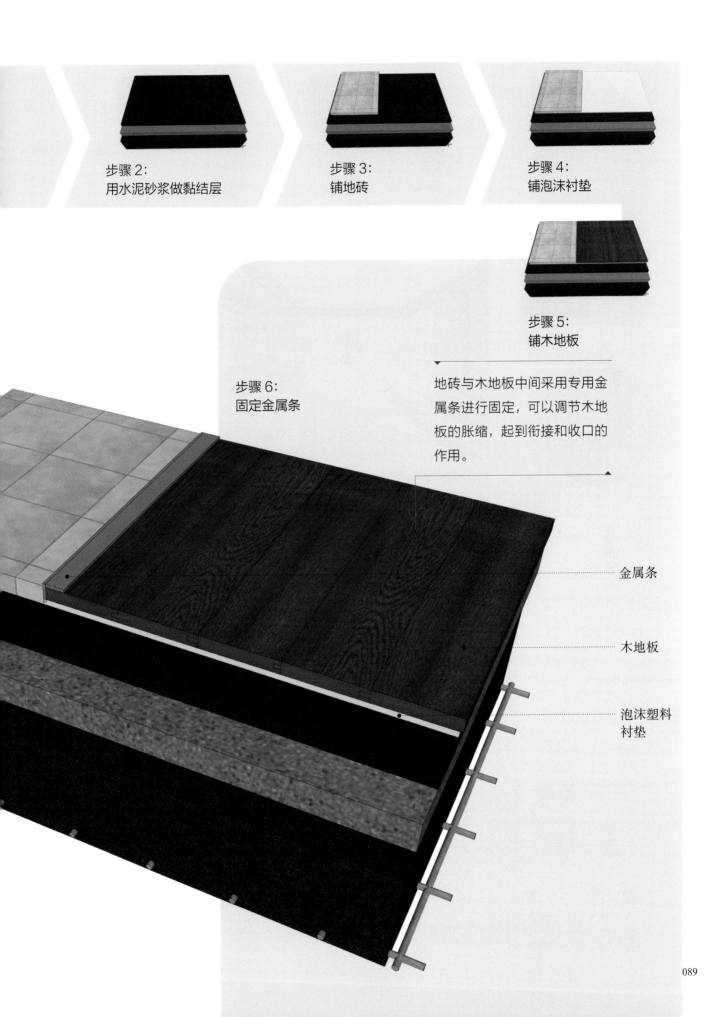

步骤 2:
用水泥砂浆做黏结层

步骤 3:
铺地砖

步骤 4:
铺泡沫衬垫

步骤 5:
铺木地板

步骤 6:
固定金属条

地砖与木地板中间采用专用金属条进行固定,可以调节木地板的胀缩,起到衔接和收口的作用。

金属条

木地板

泡沫塑料衬垫

节点 37. 砖材与木地板 T 形相接地面

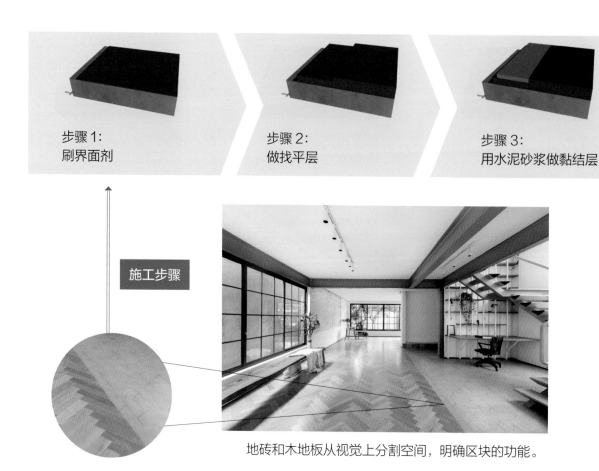

步骤 1：
刷界面剂

步骤 2：
做找平层

步骤 3：
用水泥砂浆做黏结层

施工步骤

地砖和木地板从视觉上分割空间，明确区块的功能。

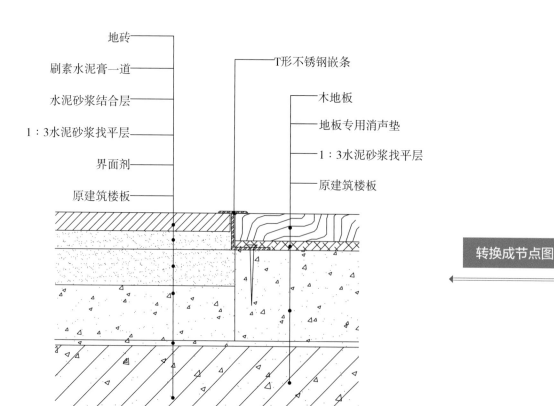

地砖

刷素水泥膏一道

水泥砂浆结合层

1：3水泥砂浆找平层

界面剂

原建筑楼板

T形不锈钢嵌条

木地板

地板专用消声垫

1：3水泥砂浆找平层

原建筑楼板

转换成节点图

砖材与木地板 T 形相接地面节点图

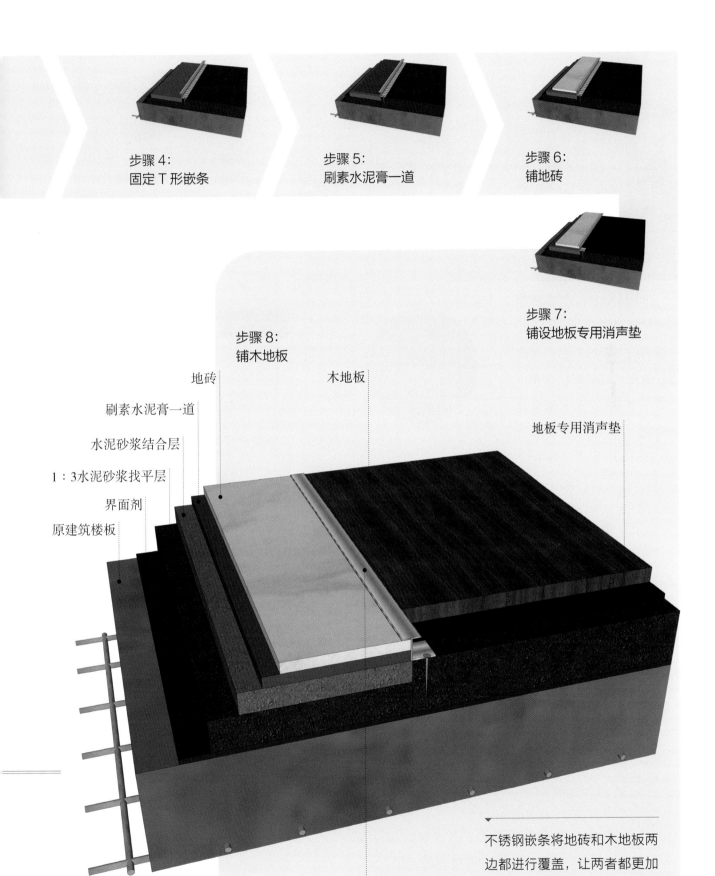

步骤4：
固定 T 形嵌条

步骤5：
刷素水泥膏一道

步骤6：
铺地砖

步骤7：
铺设地板专用消声垫

步骤8：
铺木地板

地砖

木地板

地板专用消声垫

刷素水泥膏一道

水泥砂浆结合层

1：3水泥砂浆找平层

界面剂

原建筑楼板

不锈钢嵌条将地砖和木地板两边都进行覆盖，让两者都更加稳固，不容易翘起。

T 形不锈钢嵌条

节点 38. 砖材与 PVC 地板相接地面

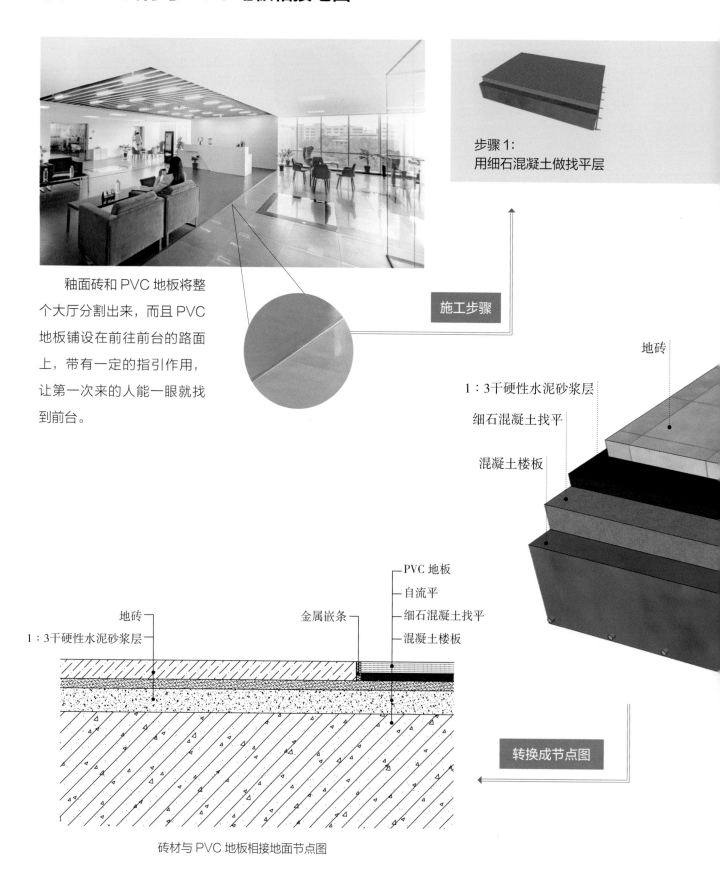

步骤 1：
用细石混凝土做找平层

釉面砖和 PVC 地板将整个大厅分割出来，而且 PVC 地板铺设在前往前台的路面上，带有一定的指引作用，让第一次来的人能一眼就找到前台。

施工步骤

地砖

1：3干硬性水泥砂浆层

细石混凝土找平

混凝土楼板

PVC 地板
自流平
细石混凝土找平
混凝土楼板

地砖
金属嵌条

1：3干硬性水泥砂浆层

转换成节点图

砖材与 PVC 地板相接地面节点图

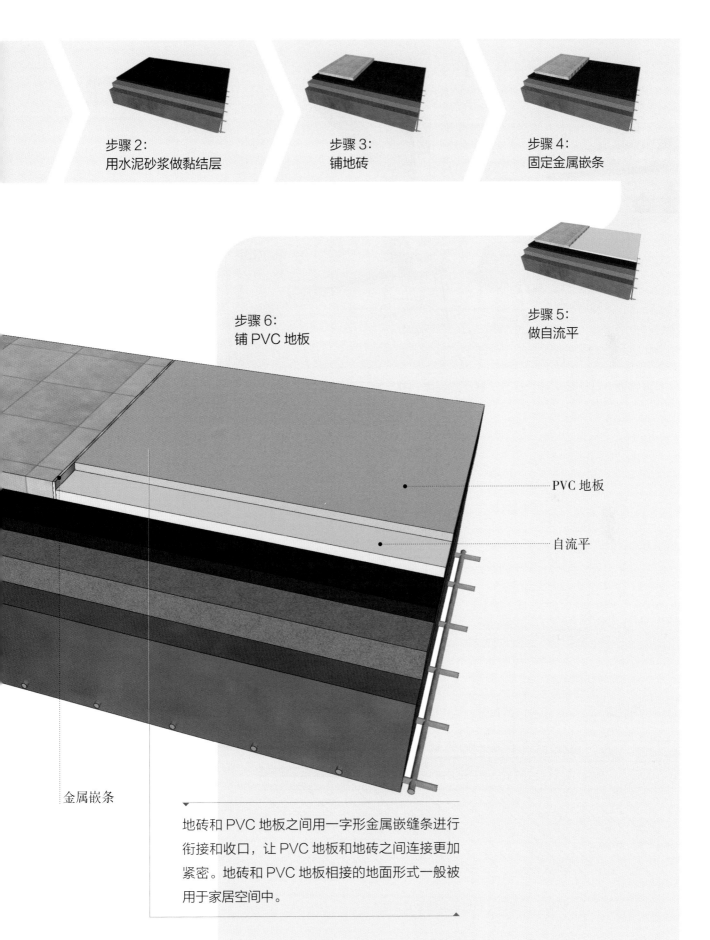

步骤 2:
用水泥砂浆做黏结层

步骤 3:
铺地砖

步骤 4:
固定金属嵌条

步骤 6:
铺 PVC 地板

步骤 5:
做自流平

PVC 地板

自流平

金属嵌条

地砖和 PVC 地板之间用一字形金属嵌缝条进行衔接和收口，让 PVC 地板和地砖之间连接更加紧密。地砖和 PVC 地板相接的地面形式一般被用于家居空间中。

节点 39. 砖材 – 门槛石 – 石材相接地面

像镜面一样的玻化砖，提升了餐厅的亮度，并丰富了光影变化。

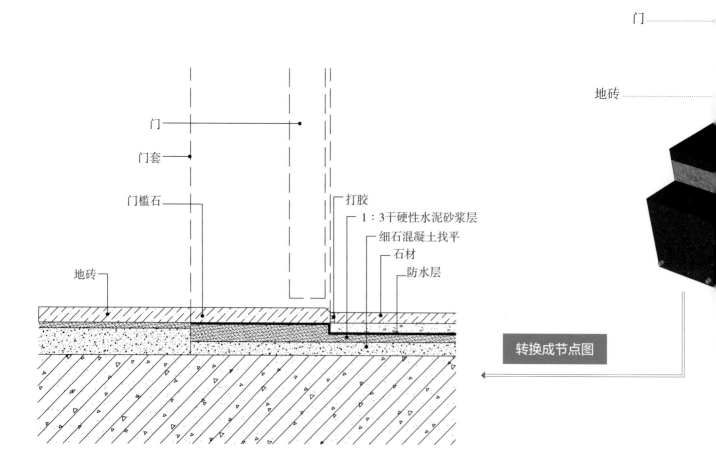

砖材 – 门槛石 – 石材相接地面节点图

步骤 1：
用细石混凝土做找平层

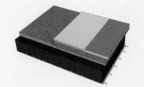

步骤 2：
用水泥砂浆做黏结层并做防水

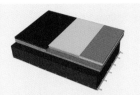

步骤 3：
刷素水泥膏一道

步骤 4：
铺贴瓷砖、门槛石和石材

门槛石通常出现在两个房间的交界处，
根据不同材料的相接，其做法也不相同。
带防水的做法通常被用于厨房、卫生间
及阳台与其他空间的连接处。

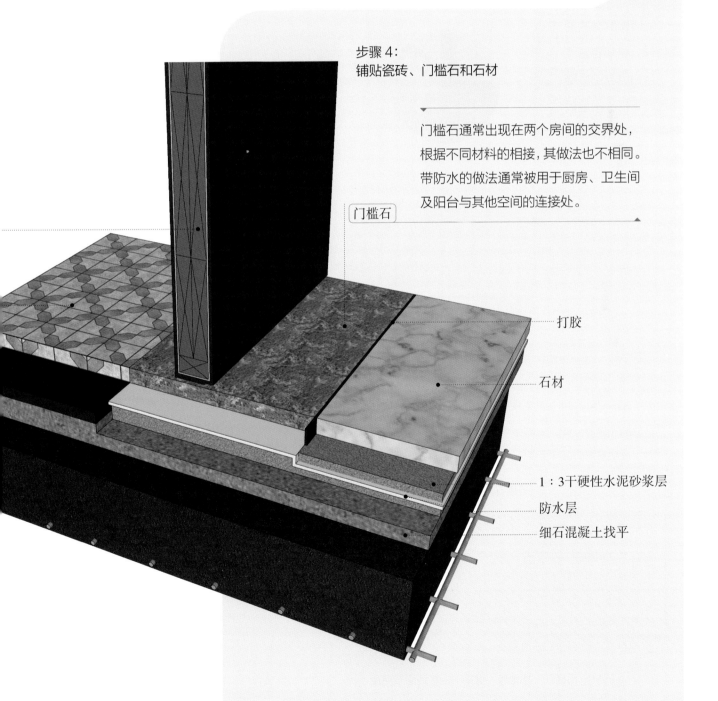

门槛石

打胶

石材

1：3干硬性水泥砂浆层

防水层

细石混凝土找平

节点 40. 砖材 – 门槛石 – 木地板（做平）相接地面

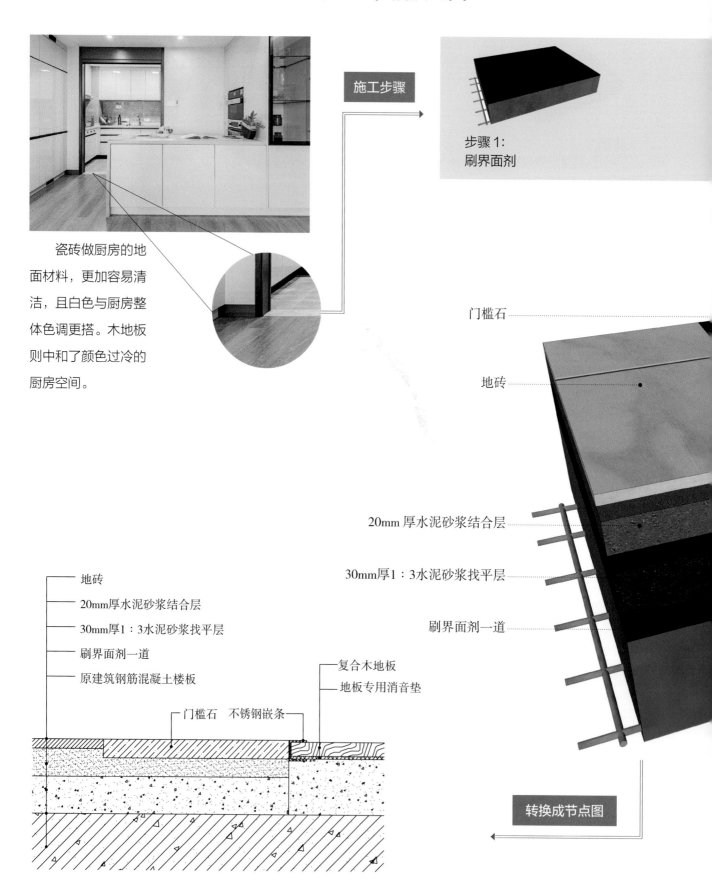

瓷砖做厨房的地面材料，更加容易清洁，且白色与厨房整体色调更搭。木地板则中和了颜色过冷的厨房空间。

施工步骤

步骤1：
刷界面剂

门槛石

地砖

20mm 厚水泥砂浆结合层

30mm厚1：3水泥砂浆找平层

刷界面剂一道

地砖
20mm厚水泥砂浆结合层
30mm厚1：3水泥砂浆找平层
刷界面剂一道
原建筑钢筋混凝土楼板

复合木地板
地板专用消音垫

门槛石　不锈钢嵌条

转换成节点图

砖材 – 门槛石 – 木地板（做平）相接地面节点图

步骤 2：
做找平层

步骤 3：
用水泥砂浆做结合层

步骤 4：
铺地砖和门槛石

步骤 6：
铺装木地板

步骤 5：
固定收口条并铺消音垫

该做法不带防水结构，且地砖、门槛石和木地板呈现了相平的现象，更加适用于除了卫生间、厨房和阳台外的空间的相接处。

地板专用消音垫

复合木地板

不锈钢嵌条

原建筑钢筋混凝土楼板

节点 41. 砖材－门槛石－木地板（带止水坎）相接地面

花岗岩是较为常用的门槛石材料，施工时需注意色彩的协调性及不同材质高度的处理。

施工步骤

步骤1：
刷界面剂，做止水坎并做找平层

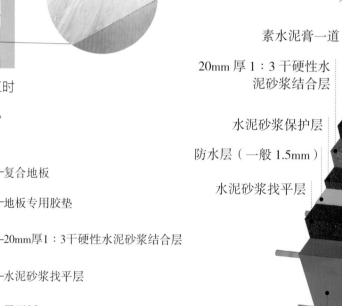

石材
素水泥膏一道
20mm 厚 1：3 干硬性水泥砂浆结合层
水泥砂浆保护层
防水层（一般 1.5mm）
水泥砂浆找平层
原建筑钢筋混凝土楼板

转换成节点图

石材
素水泥膏一道
水泥砂浆保护层
防水层（一般1.5mm）
原建筑钢筋混凝土楼板

复合地板
地板专用胶垫
20mm厚1：3干硬性水泥砂浆结合层
水泥砂浆找平层
界面剂

φ8mm钢筋

30

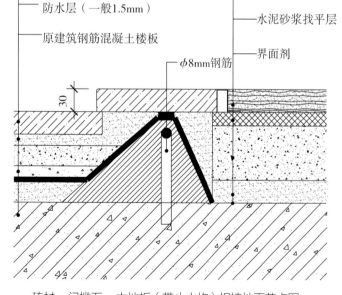

砖材－门槛石－木地板（带止水坎）相接地面节点图

步骤2：
做防水处理并铺水泥砂浆
做保护层

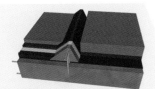

步骤3：
做结合层

步骤4：
刷素水泥膏一道

步骤5：
铺地板专用胶垫

步骤6：
铺石材和木地板并固定收口条

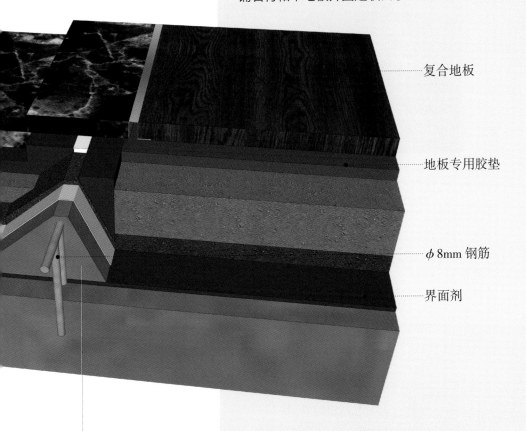

复合地板

地板专用胶垫

ϕ 8mm 钢筋

界面剂

止水坎是装修中做防水的措施，常用于卫生间、厨房、阳台墙面根部等部位，能够有效地防止有水房间的水通过墙根流向另一个房间。因此带止水坎的门槛石做法一般用于卫生间、厨房、阳台这类空间中。

节点 42. 砖材与地漏相接地面

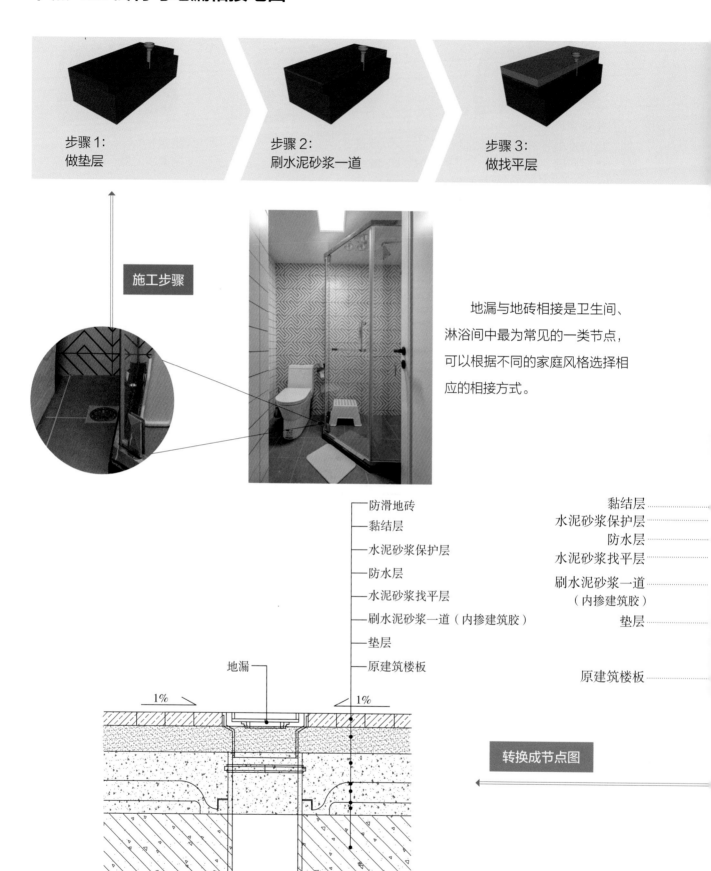

步骤1：
做垫层

步骤2：
刷水泥砂浆一道

步骤3：
做找平层

施工步骤

地漏与地砖相接是卫生间、淋浴间中最为常见的一类节点，可以根据不同的家庭风格选择相应的相接方式。

防滑地砖
黏结层
水泥砂浆保护层
防水层
水泥砂浆找平层
刷水泥砂浆一道（内掺建筑胶）
垫层
原建筑楼板

地漏

黏结层
水泥砂浆保护层
防水层
水泥砂浆找平层
刷水泥砂浆一道（内掺建筑胶）
垫层

原建筑楼板

转换成节点图

1%   1%

砖材与地漏相接地面节点图

步骤 4：
做防水层

步骤 5：
做防水保护层

步骤 6：
做黏结层

地砖的坡度应为 1%~2%，保证积水顺利流向地漏的同时，不会因地面不平整产生明显的倾斜感。

步骤 7：
铺防滑地砖并安装地漏

防滑地砖

地漏

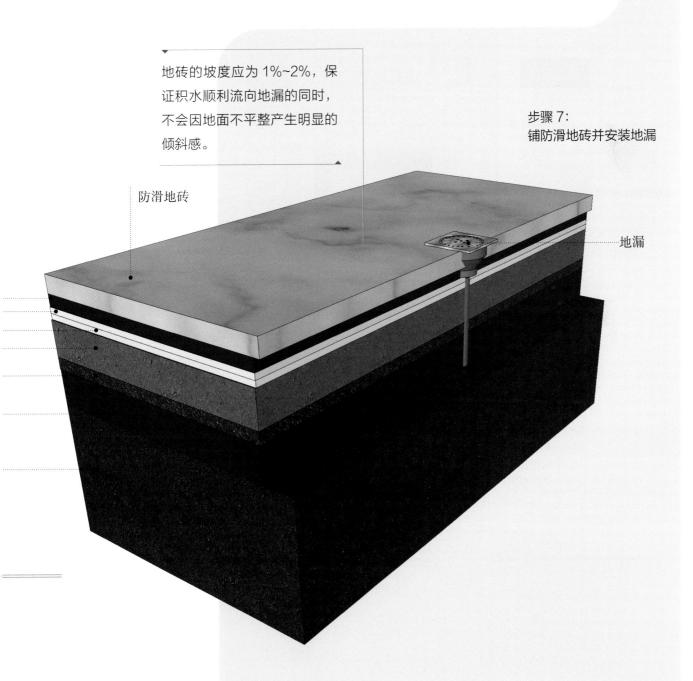

节点 43. 砖材与活动翻盖地漏相接地面

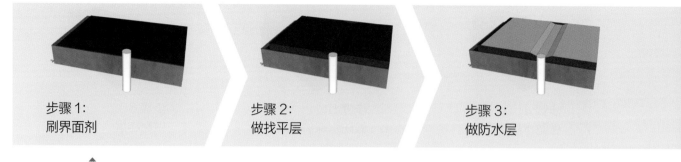

步骤 1：
刷界面剂

步骤 2：
做找平层

步骤 3：
做防水层

施工步骤

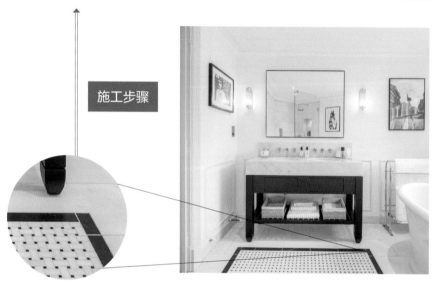

选择地漏时应注意下水管的管径大小，避免出现地漏的管径与下水管管径不符，地漏安装不上的现象。同时要注意地漏自带管道的长度，若出现其长度大于下水管转弯处长度的情况，那么地漏也无法安装上。

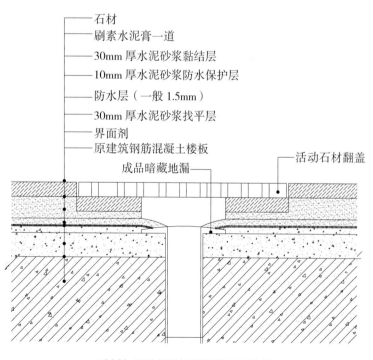

石材
刷素水泥膏一道
30mm 厚水泥砂浆黏结层
10mm 厚水泥砂浆防水保护层
防水层（一般 1.5mm）
30mm 厚水泥砂浆找平层
界面剂
原建筑钢筋混凝土楼板
成品暗藏地漏
活动石材翻盖

转换成节点图

砖材与活动翻盖地漏相接地面节点图

步骤 4：
做防水保护层

步骤 5：
固定地漏

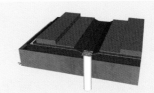

步骤 6：
用水泥砂浆做黏结层

步骤 7：
刷素水泥膏一道

步骤 8：
铺地砖及活动盖板

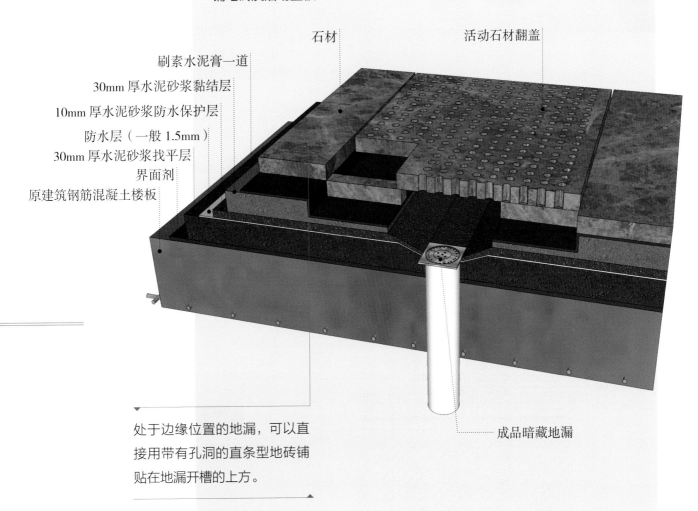

石材
活动石材翻盖

刷素水泥膏一道
30mm 厚水泥砂浆黏结层
10mm 厚水泥砂浆防水保护层
防水层（一般 1.5mm）
30mm 厚水泥砂浆找平层
界面剂
原建筑钢筋混凝土楼板

成品暗藏地漏

处于边缘位置的地漏，可以直接用带有孔洞的直条型地砖铺贴在地漏开槽的上方。

节点 44. 砖材与滑轨相接地面

施工步骤

步骤1：
做垫层

　　推拉门可以采用做到顶的方式，与顶棚连接，也可以采用图中这样不到顶的方式。不到顶的玻璃推拉门是通过门框来固定的，门框会框住整个玻璃推拉门，且地面滑轨会让地面产生门槛，使用时需要注意，小心被绊倒。

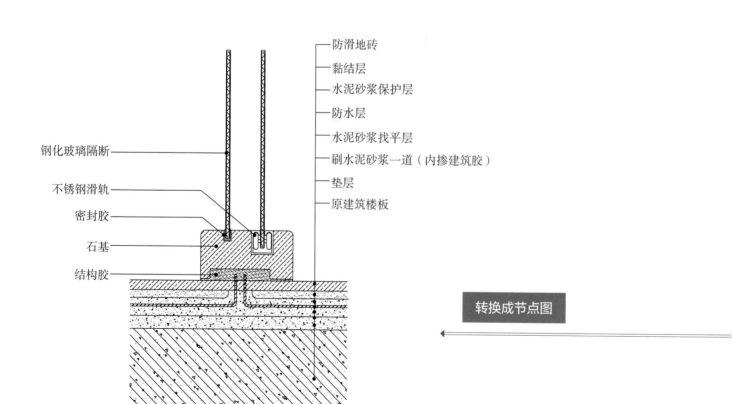

钢化玻璃隔断

不锈钢滑轨

密封胶

石基

结构胶

防滑地砖
黏结层
水泥砂浆保护层
防水层
水泥砂浆找平层
刷水泥砂浆一道（内掺建筑胶）
垫层
原建筑楼板

转换成节点图

砖材与滑轨相接地面节点图

步骤 2:
刷水泥砂浆一道

步骤 3:
用水泥砂浆做找平层并
做防水和防水保护层

步骤 4:
做黏结层

步骤 5:
铺防滑地砖

步骤 6:
用结构胶固定滑轨

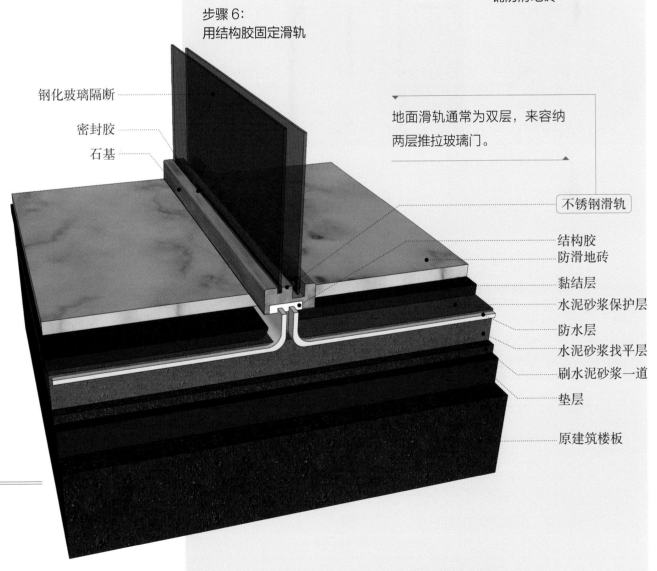

钢化玻璃隔断

密封胶

石基

地面滑轨通常为双层，来容纳
两层推拉玻璃门。

不锈钢滑轨

结构胶
防滑地砖
黏结层
水泥砂浆保护层
防水层
水泥砂浆找平层
刷水泥砂浆一道
垫层

原建筑楼板

节点 45. 砖材与石材挡水坎相接地面

步骤 1:
刷界面剂

步骤 2:
固定不锈钢止水板

步骤 3:
做找平层

施工步骤

淋浴间的挡水坎可
以有效地拦截淋浴水漫
出，清洁地面的同时，
还能保持室内其余空间
的干燥。

挡水坎具有一定的规格要求，它
的高度一般为 40~50mm，厚度
为 30~40mm。

地砖

30mm 厚水泥砂浆黏结层

10mm 厚 1:3 水泥砂浆防水保护层

防水层（一般 1.5mm）

水泥砂浆找平层

刷界面剂一道

原建筑钢筋混凝土楼板

成品淋浴移门

卫生间

门槛石

找坡 2%

淋浴间

转换成节点图

水泥砂浆抹圆角

结构胶

不锈钢止水板

砖材与石材挡水坎相接地面节点图

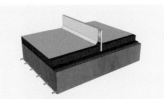

步骤 4：
做防水层

步骤 5：
做防水保护层

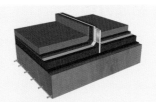

步骤 6：
用水泥砂浆做黏结层

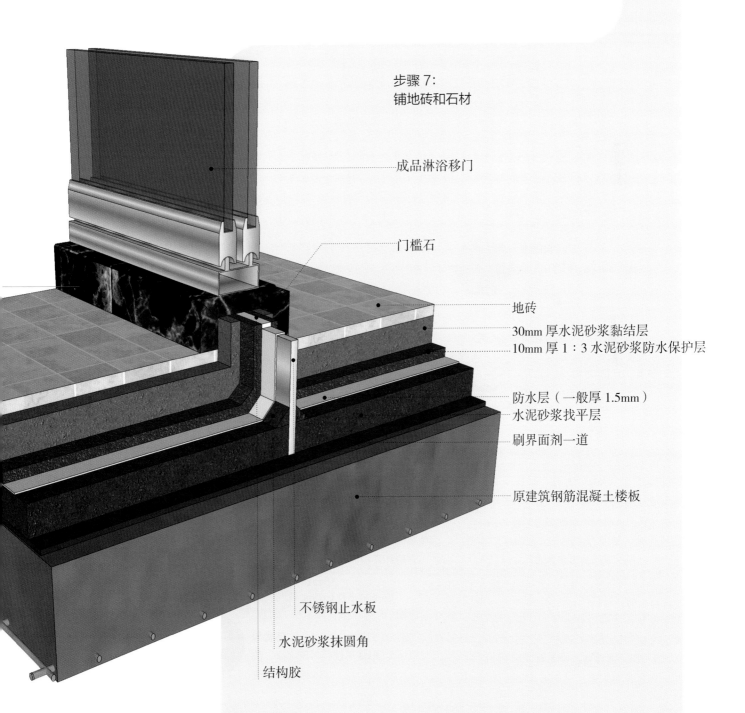

步骤 7：
铺地砖和石材

成品淋浴移门

门槛石

地砖

30mm 厚水泥砂浆黏结层

10mm 厚 1：3 水泥砂浆防水保护层

防水层（一般厚 1.5mm）

水泥砂浆找平层

刷界面剂一道

原建筑钢筋混凝土楼板

不锈钢止水板

水泥砂浆抹圆角

结构胶

专题 砖材地面设计与施工的关键点

材质分类

仿玉石纹理
比玉石价格低，可装饰背景墙

仿洞石纹理
层叠感，无孔洞，文雅感强

仿花岗岩纹理
点状为主，相对天然花岗岩立体感稍弱

仿大理石纹理
可代替大理石，但不够丰富

玻化砖
常用于现代风格中

仿木纹纹理
类木纹，但具有很强的光泽感

纯色
没有纹理，适合小面积使用

玻化砖选购技巧。
①表面若光泽亮丽、无划痕则为优质品。
②同一规格的砖体，质量好的手感都会比较沉。
③敲击砖体，声音若浑厚且回音绵长，则为优质品。
④看光滑程度，不加水还具有防滑功能则为优质品。
⑤正规厂家生产的产品在其背面都有清晰的商标，若无则有问题。

砖材

素色砖
没有花纹，多种组合铺贴方式

花砖
纹理多样，小面积时可单独使用，大面积时则更建议与素色砖一起使用

釉面砖
更适合小面积的室内空间使用

釉面砖选购技巧。
①横切面细则密度大，为优质品。
②每块规格误差≤1mm，为优质品。
③釉面均匀、平整、光洁、亮丽、一致则为优质品。
④砖材表面反射图像清晰则为优质品。
⑤摔裂后断裂面光滑平整，无毛糙，且通体一色，无黑心现象则为优质品。

仿古砖选购技巧。
①家装用仿古砖耐磨度选择一度至四度即可。
②敲击砖材，声音清脆则表明内在质量好。
③一批砖材内颜色、光泽大体一致，尺码规整的则为上品。

仿古砖
适合用在乡村风格、地中海风格和田园风格室内空间中

仿木纹
颜色多为木色系，有方形和不规则形

仿石材
颜色可供选择较多

仿金属
形状不规则，无规律，黄棕色系可选

仿植物花草
颜色多样，排列规则，有秩序感

纯色
即无孔微晶石，无纹理，多用在公共场所

斑点纹理
纹理若隐若现，类似花岗岩

仿石材纹理
复合微晶石，纹理类似石材

微晶石
较为独特，适合家装空间

仿玉石纹理
复合微晶石，比玉石价格低，但具有玉石的纹理和光泽感

仿宝石纹理
具有独特性

仿木纹理
比木纹更加光滑，并具有光泽感

微晶石选购技巧。
①看检测报告，要购买严格进行环保检测的产品。
②好的微晶石通透感很高。
③微晶石若具有流动的纹理、自然渐变的色线，层次分明则为优质品。

陶瓷马赛克
防水防潮，易清洗，经久耐用，墙面、地面都能用

马赛克
马赛克中适合做地面的品类较少，大部分更适合做墙面装饰

金属马赛克
材料环保、防火、耐磨，地面不建议大面积使用

石材马赛克
效果天然，纹理多样，防水性较差

马赛克选购技巧。
①好的马赛克同一批内规格整齐。
②内层中间打釉的为品质好的。
③水滴在砖材背面，往外溢的质量好。

木纹砖
纹理逼真，自然朴实，耐磨，容易打理

皮纹砖
皮革质感，可随意切割

纹理砖选购技巧。
①在砖材背面滴水，若能长时间停留，则表明质量好。
②敲击砖的中下部，声音清脆为上品。
③观察侧面，平整度越高越好。

纹理砖
常用于家居空间中

布纹砖
素雅、精致且多变

搭配技巧

地砖与石材拼合做小面积拼花

有些石材，如花岗岩，其纹理都相对较单一，纹理独特的款式价格又十分昂贵，因此，当用在地面时，更建议小面积使用来调节层次感，如可作为地面拼花的一部分与玻化砖等组合，或作为楼梯踏步、过门石等。

用玻化砖做大面积打底材料，再用大理石等做局部的拼贴，拼出多种花样及纹理，可以丰富地面层次。

增加空间开阔感

有些砖材，如玻化砖，具有极强的光泽感，一些采光不佳或面积小的空间，就很适合使用玻化砖铺设地面。通过光线的反射，玻化砖可以提升空间的整体亮度，使空间显得更加开阔。

面积较小的客厅，用高光泽的玻化砖铺设地面，显得高级又宽敞。

仿石材纹理的玻化砖，带来与天然大理石非常相似的装饰效果和质感。

可代替其他天然石材

相比较来说，玻化砖价格比大理石低，重量轻且施工更便利，其纹理虽然不如大理石独特和自然，但仿石材纹理的砖技术也已经非常成熟。若选择的装修档次是经济型或中档型，或对石纹的自然感要求不高，就可以使用仿石材纹理的玻化砖来代替石材做装饰。

釉面砖与马赛克拼花更具趣味性

用图案较有特点的釉面砖做装饰时，可搭配同色的马赛克，做腰线或穿插铺贴，这样可以增加个性和趣味性。需要注意的是，这种做法最好小面积或局部使用，其他部位建议搭配没有花纹的素砖。

地面选择同色的马赛克和釉面砖组合，更具趣味性和层次感。

小花片丰富地面层次

在设计地面时，可在仿古砖的四角设计"十"字形的花片，装饰出来的地面既不会显得凌乱，又极具审美趣味。但拼花仿古砖地面形式的应用有一定局限性，一般比较适合乡村、田园、地中海等风格的空间。

黑色小花片的使用，极大地丰富了地面整体的层次感。

多样纹理改变厨卫的平淡感

一些面积较小的厨房或卫生间，总使用白色或浅色的瓷砖做装饰，让人感觉有些平淡，因此可以使用釉面砖或者马赛克这类纹理感较强的砖材进行拼花设计，还可在墙面局部或地面使用花砖来增强个性，改变平淡感。

地面使用了白底灰花的釉面砖，使厨房在洁净之中不乏个性美。

花色设计可结合铺设位置和面积进行

很多种类的砖材质感比较独特，如水泥砖，其铺设方式与仿古砖类似，非常多样化。在进行花色组合设计时，可从位置和面积来考虑，如大面积地面整体铺设适合素砖或大块面的几何纹理，边角小面积的做装饰则可使用花砖等。

在面积较为宽敞的餐厅内，地面选择几何块面纹理的灰色系水泥砖，增添层次感的同时又不会显得混乱。

马赛克可让角落部位变个性

马赛克款式众多，且因为规格小、组合方便，非常适合做创意性的设计。例如装饰垭口、窗套等常被忽视的部位，还可用在楼梯踏步的立面上，甚至可以用来做踢脚线。需注意的是，这些部分较适合使用耐磕碰的马赛克。

用马赛克装饰踏步立面，既符合室内风格特征，又增添了个性。

地板

　　地板是常见的地面材料之一，相对于其他地面材料来说，品种更加丰富，纹理更多样，可选择范围广，且脚感舒适，除了普通的铺装方式外，还可采用花拼来增添个性感。

第四章

节点 46. 悬浮法木地板地面

复合地板通过不同的铺装方式，也可以有很强的装饰效果。

施工步骤

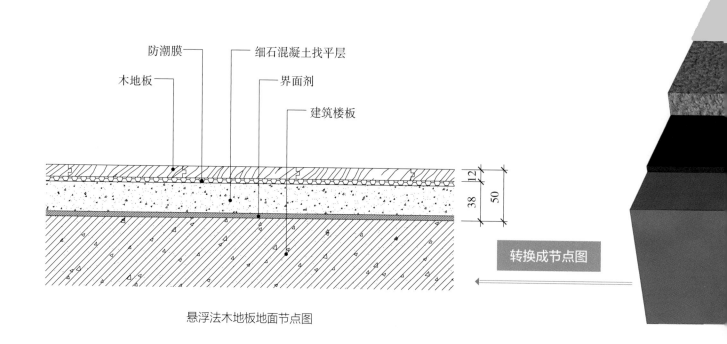

防潮膜 —— 细石混凝土找平层

木地板 —— 界面剂

建筑楼板

12

38 50

转换成节点图

悬浮法木地板地面节点图

步骤 1：
刷界面剂

步骤 2：
用细石混凝土做找平层

步骤 3：
铺防潮层

步骤 4：
安装木地板

悬浮法铺设法的安装方式一般适合复合
地板或实木复合地板，适用于家居空间
及中小型工装空间。

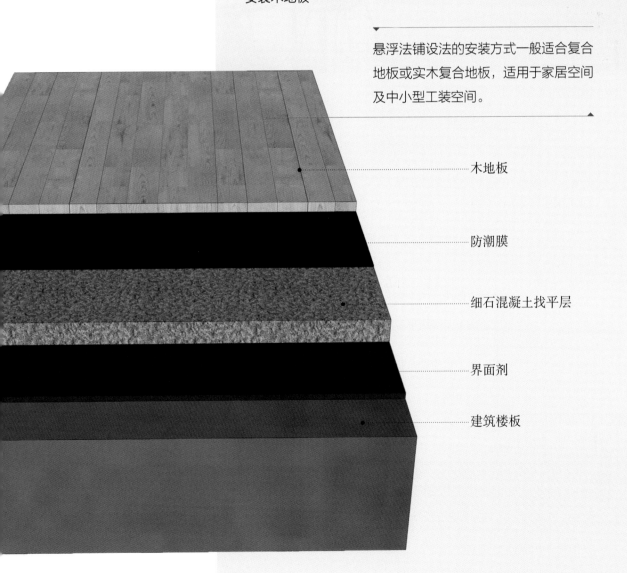

木地板

防潮膜

细石混凝土找平层

界面剂

建筑楼板

节点 47. 架空法木地板地面

施工步骤

实木地板的花色自然，具有可变化的特点，不死板。

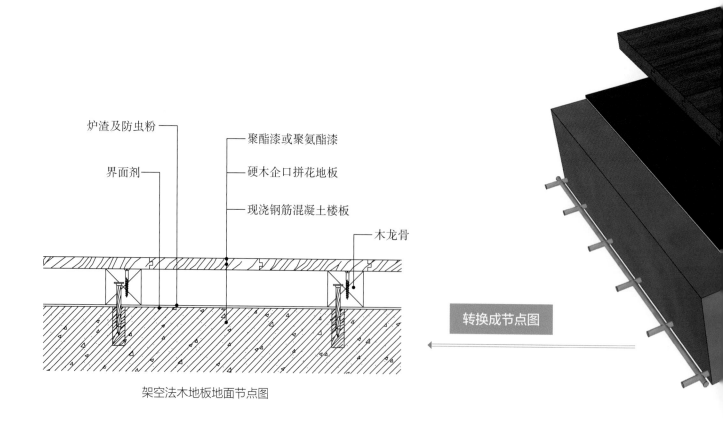

炉渣及防虫粉

界面剂

聚酯漆或聚氨酯漆

硬木企口拼花地板

现浇钢筋混凝土楼板

木龙骨

转换成节点图

架空法木地板地面节点图

步骤 1:
刷界面剂

步骤 2:
铺炉渣及防虫粉

步骤 3:
固定木龙骨

步骤 4:
安装木地板

龙骨架空的铺设方法是相对传统和普遍的铺设形式，其中龙骨的原材料使用最广泛的就是木龙骨，也可以根据空间防火要求选择金属龙骨。

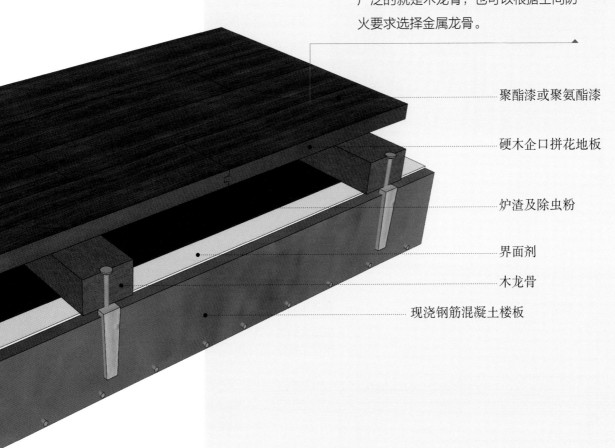

聚酯漆或聚氨酯漆

硬木企口拼花地板

炉渣及除虫粉

界面剂

木龙骨

现浇钢筋混凝土楼板

节点 48. 毛地板架空法木地板地面

原木色的木地板和空间浅灰色的搭配相得益彰，突显优雅的氛围。

施工步骤

转换成节点图

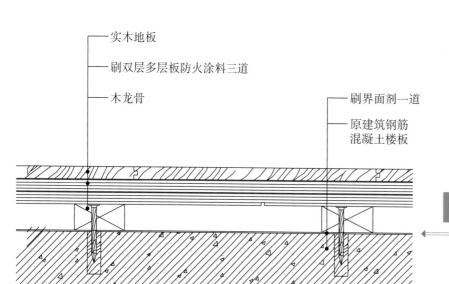

实木地板

刷双层多层板防火涂料三道

木龙骨

刷界面剂一道

原建筑钢筋混凝土楼板

毛地板架空法木地板地面节点图

步骤 1：
刷界面剂

步骤 2：
固定木龙骨

步骤 3：
安装双层毛地板

步骤 4：
铺木地板

毛地板架空法就是在架空的龙骨上多加了一层板材，这样不仅可以增加稳固性，还能解决因地板自身硬度较低，不能使用龙骨架空法铺贴来有效防潮的问题。

实木地板

刷双层多层板防火涂料三道

木龙骨

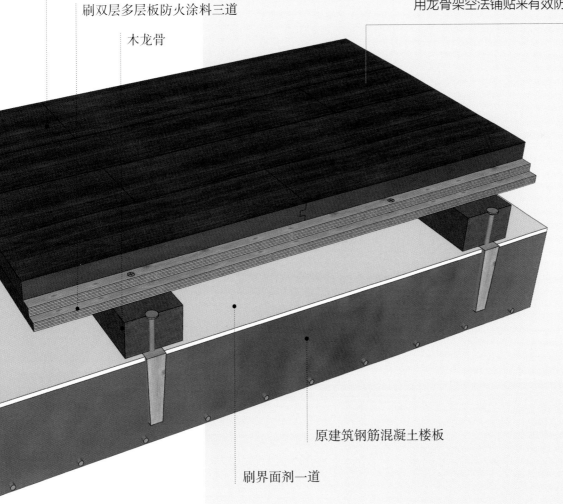

原建筑钢筋混凝土楼板

刷界面剂一道

节点 49. 胶粘法木地板地面

施工步骤

地板分类当中的 PVC 地板十分适合使用胶粘法，其较为柔软的质感也十分适用于儿童空间当中。

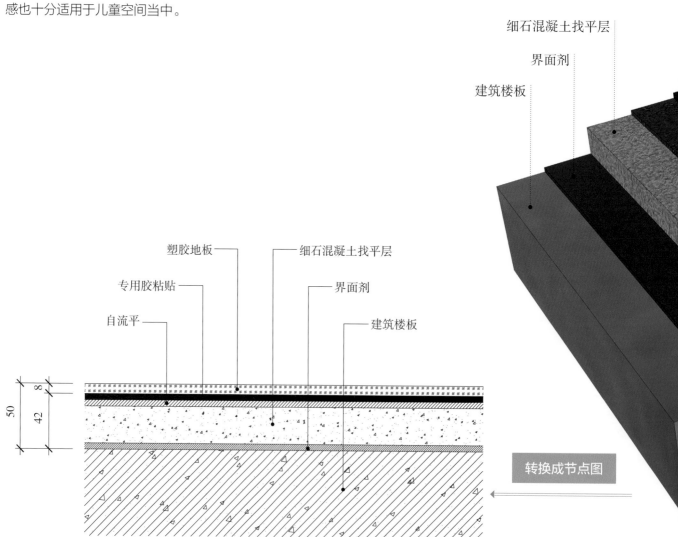

细石混凝土找平层

界面剂

建筑楼板

塑胶地板 —

专用胶粘贴 —

自流平 —

细石混凝土找平层

界面剂

建筑楼板

转换成节点图

胶粘法木地板地面节点图

步骤 1：
刷界面剂

步骤 2：
做找平层

步骤 3：
做自流平

步骤 4：
背贴专用胶黏结 PVC 地板

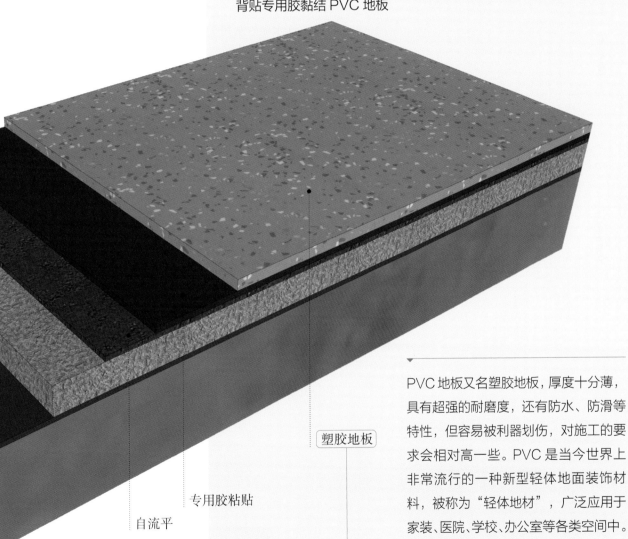

自流平

专用胶粘贴

塑胶地板

PVC 地板又名塑胶地板，厚度十分薄，具有超强的耐磨度，还有防水、防滑等特性，但容易被利器划伤，对施工的要求会相对高一些。PVC 是当今世界上非常流行的一种新型轻体地面装饰材料，被称为"轻体地材"，广泛应用于家装、医院、学校、办公室等各类空间中。

节点 50. 企口型复合木地板地面

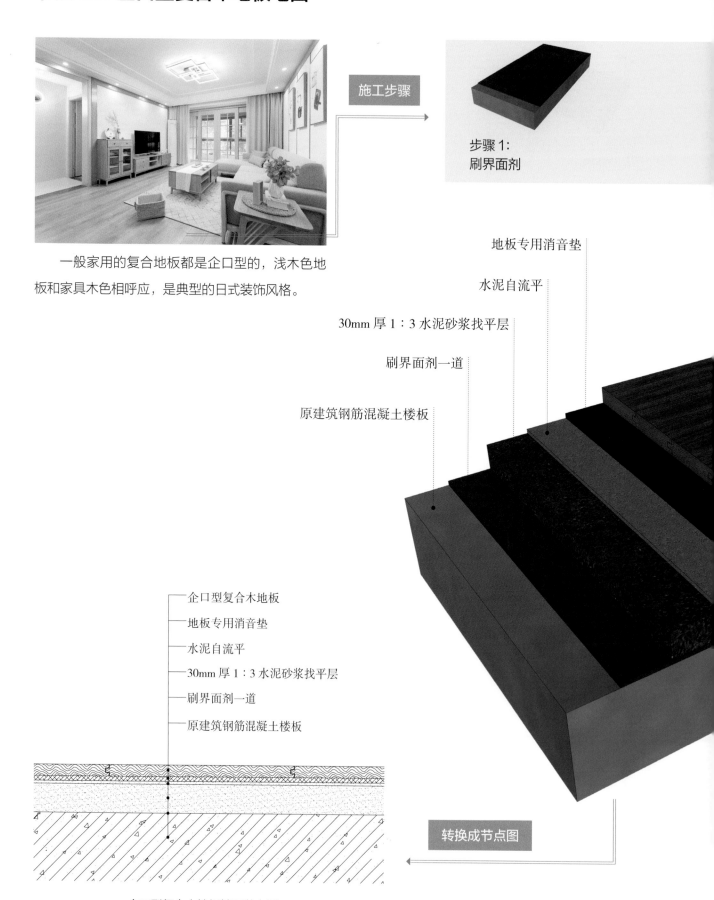

一般家用的复合地板都是企口型的，浅木色地板和家具木色相呼应，是典型的日式装饰风格。

施工步骤

步骤1：
刷界面剂

地板专用消音垫

水泥自流平

30mm 厚 1：3 水泥砂浆找平层

刷界面剂一道

原建筑钢筋混凝土楼板

企口型复合木地板
地板专用消音垫
水泥自流平
30mm 厚 1：3 水泥砂浆找平层
刷界面剂一道
原建筑钢筋混凝土楼板

企口型复合木地板地面节点图

转换成节点图

步骤 2：
做找平层

步骤 3：
做自流平

步骤 4：
铺专用消音垫

步骤 5：
安装木地板

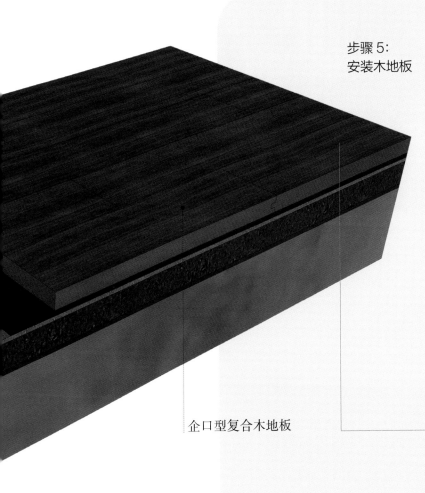

企口型复合木地板

企口型复合木地板是相对于平口型而言的，板面呈长方形，有榫和槽，背面有抗变形槽，铺装时相互搭接，具有安装简单的优点，但地面稍有不平，锁扣容易脱开，槽口下部容易断裂，目前家装中通常会选择企口型复合木地板。

节点 51. 防腐木地板地面

　　防腐木地板一般用于室外空间，若用在室内空间，大都会用在阳台的位置。简约的阳台地面上铺上了质感自然、厚重的防腐木地板，让整个空间沐浴在大自然的环境下。

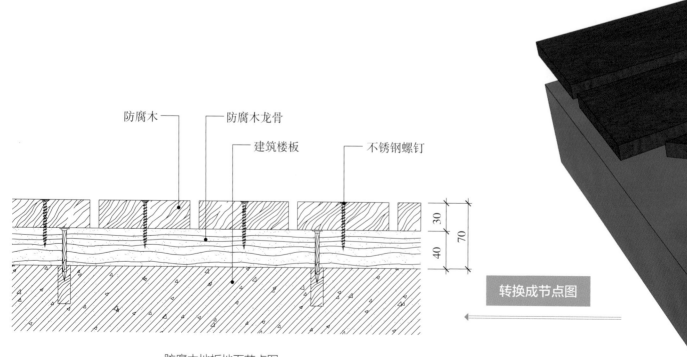

防腐木　　　　防腐木龙骨

建筑楼板　　　　不锈钢螺钉

30
70
40

转换成节点图

防腐木地板地面节点图

施工步骤

步骤 1：
安装木龙骨

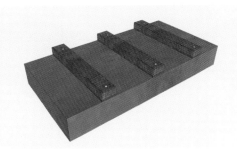

步骤 2：
铺防腐木地板

防腐木地板具有很好的防腐、防虫、耐用等优点，但由于含水率高，容易开裂变形，并且因为防腐木地板在制作过程中会使用化学药剂，因此其环保性能不足，且随着化学药剂的流失，防腐木地板容易变色。防腐木地板适合使用在室外装修或者建筑的阳台、平台中。

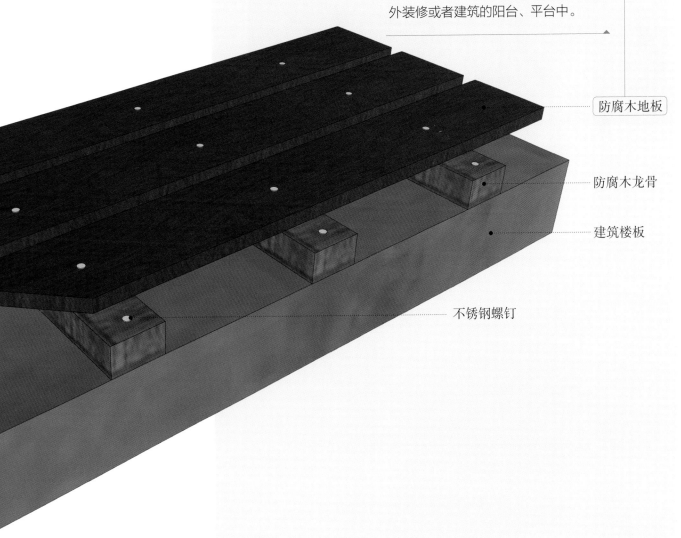

防腐木地板

防腐木龙骨

建筑楼板

不锈钢螺钉

节点 52. 运动木地板地面

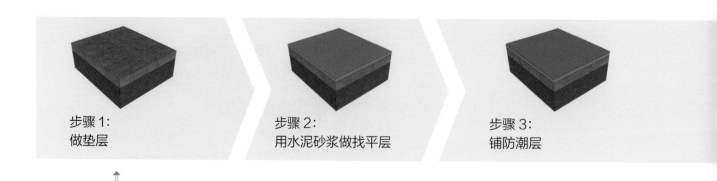

步骤 1:
做垫层

步骤 2:
用水泥砂浆做找平层

步骤 3:
铺防潮层

施工步骤

运动木地板给篮球
馆增加了自然、温馨的
氛围。

木衬板（45° 斜拼）

橡胶垫块

防潮层

水泥砂浆找平层

轻集料混凝土垫层

原结构楼板

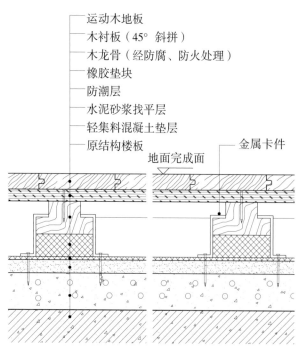

运动木地板
木衬板（45° 斜拼）
木龙骨（经防腐、防火处理）
橡胶垫块
防潮层
水泥砂浆找平层
轻集料混凝土垫层
原结构楼板

金属卡件
地面完成面

转换成节点图

运动木地板地面节点图

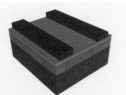

步骤 4：
固定橡胶垫块

步骤 5：
金属卡件固定木龙骨

步骤 6：
铺木衬板

步骤 7：
安装运动木地板

运动木地板是一种具有优良的承载性能、高吸震性能、抗变形性能的木地板，并且其表面的摩擦系数必须达到 0.4~0.7，太滑或太涩都会对运动员造成伤害。不过运动木地板都怕潮，而且不能直接晒太阳，否则容易产生裂痕。

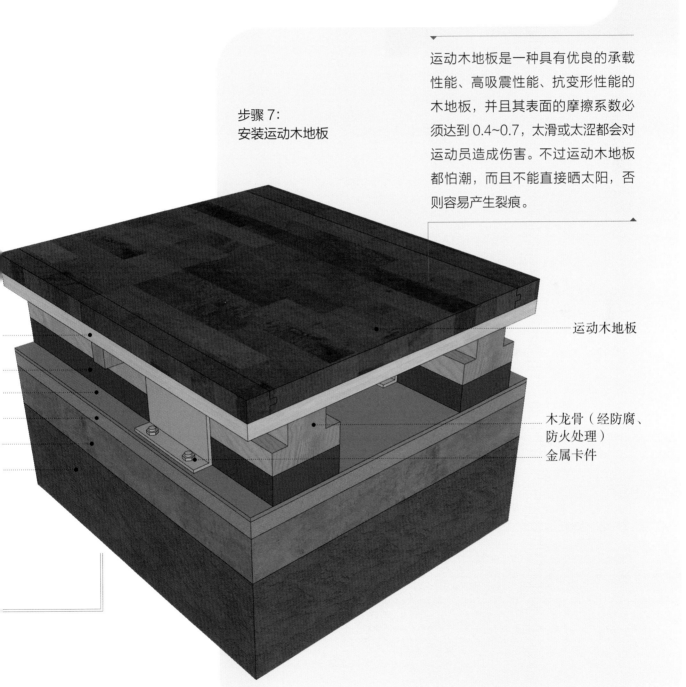

运动木地板

木龙骨（经防腐、防火处理）
金属卡件

节点 53. 舞台木地板地面

施工步骤

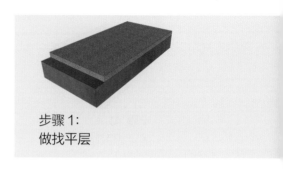

步骤1：
做找平层

　　舞台木地板通常用在各类体育场馆和剧院舞台上，能够最大限度地满足各种不同舞台的表演，其耐磨防滑的特性也能够在一定程度上保护演员。

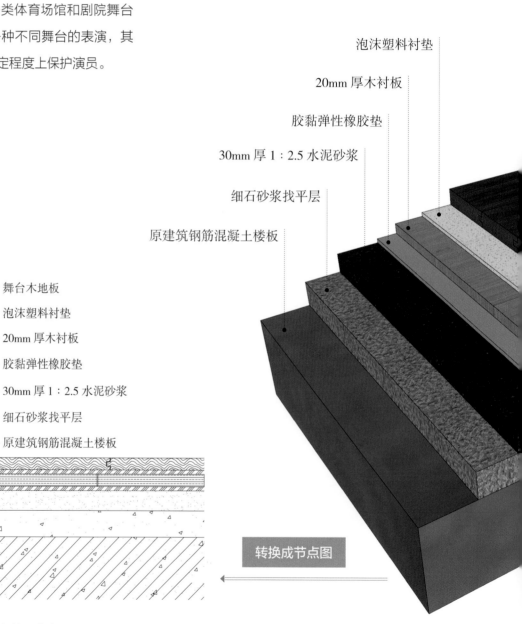

泡沫塑料衬垫

20mm 厚木衬板

胶黏弹性橡胶垫

30mm 厚 1：2.5 水泥砂浆

细石砂浆找平层

原建筑钢筋混凝土楼板

——舞台木地板
——泡沫塑料衬垫
——20mm 厚木衬板
——胶黏弹性橡胶垫
——30mm 厚 1：2.5 水泥砂浆
——细石砂浆找平层
——原建筑钢筋混凝土楼板

转换成节点图

舞台木地板地面节点图

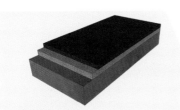

步骤 2：
铺水泥砂浆

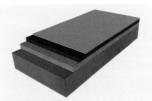

步骤 3：
铺橡胶垫

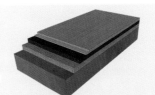

步骤 4：
固定木衬板

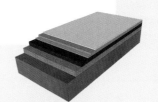

步骤 5：
铺塑料衬垫

步骤 6：
安装舞台木地板

舞台木地板

舞台木地板分单层和双层两种做法，一般采用松木或杉木做木地板材料。舞台木地板舒适感更好，安全度更高，但是不能受潮，也不能被阳光直射，否则容易变形或出现裂缝。

节点 54. 网络地板地面

施工步骤

线路隐藏在网络地板的线槽模块内，布线清晰、便利。在网络地板上直接铺设地毯，可以让地表面更加美观且易于清理。

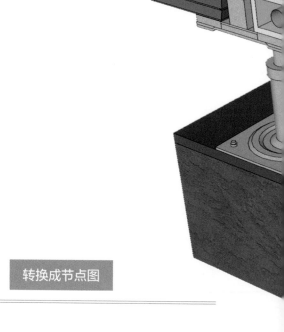

弹性地材面层
带线槽式地板模块　　带线槽模块地板
原建筑地面　　　　　带线槽模块

可调支架系统

转换成节点图

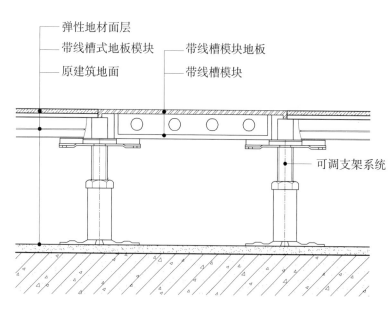

网络地板地面节点图

步骤 1：
固定支架系统

步骤 2：
安装不同的地板模块

步骤 3：
铺弹性地材做面层

将电线等隐藏在网络地板面层材料下方，有利于网络综合布线，减少安装时间，但是装饰效果比较单一，更适用于现代智能化的办公空间。

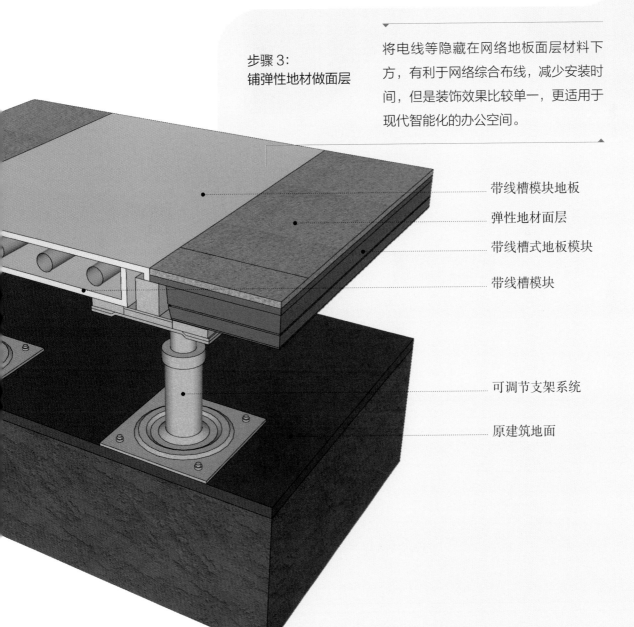

带线槽模块地板

弹性地材面层

带线槽式地板模块

带线槽模块

可调节支架系统

原建筑地面

节点 55. 防静电地板地面

施工步骤

防静电地板因其特性通常被用在机房、实验室等特殊空间内。

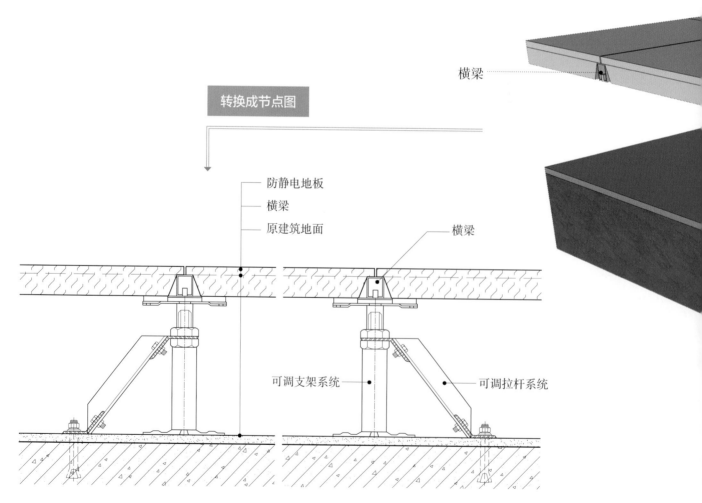

横梁

转换成节点图

防静电地板
横梁
原建筑地面
横梁
可调支架系统
可调拉杆系统

防静电地板地面节点图

步骤 1：
固定支架系统

步骤 2：
安装横梁

步骤 3：
安装防静电地板

防静电地板的防静电性能稳定，安装速度快，但是易老化，抗污能力差，不易清洁。在接地或连接到任何较低电位点时，能够使电荷耗散，当地板架空高度≥ 500mm 时需加可调拉杆系统。

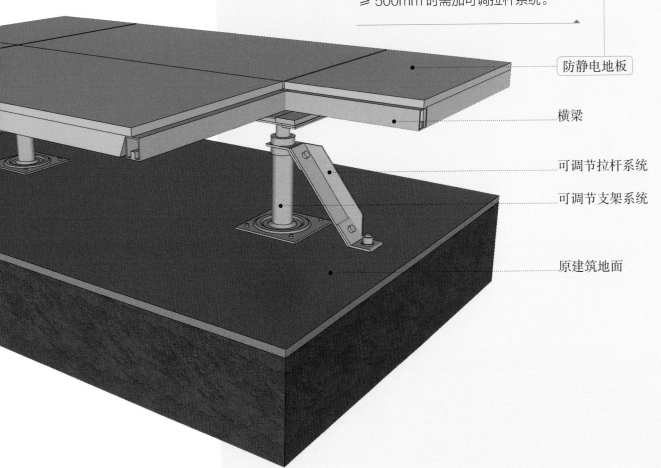

防静电地板

横梁

可调节拉杆系统

可调节支架系统

原建筑地面

节点 56. 干式水地暖木地板地面

步骤 1:
刷界面剂并做防水层

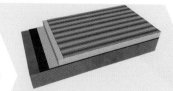

步骤 2:
做绝热层并铺铝箔反射层

步骤 3:
铺低碳钢丝网片并固定加热水管

施工步骤

若使用实木复合地板，也可以有实木地板一般自然的观感。

木地板
防潮层
水泥自流平
细石混凝土填充层
加热水管

低碳钢丝网片
铝箔反射层
绝热层
防水层
刷界面剂一道
原建筑钢筋混凝土楼板

20mm 宽膨胀缝

转换成节点图

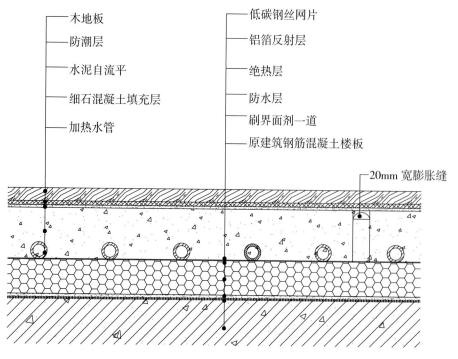

地暖木地板地面节点图

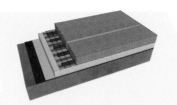

步骤 4：
用混凝土做填充层

步骤 5：
做水泥自流平

步骤 6：
铺防潮层

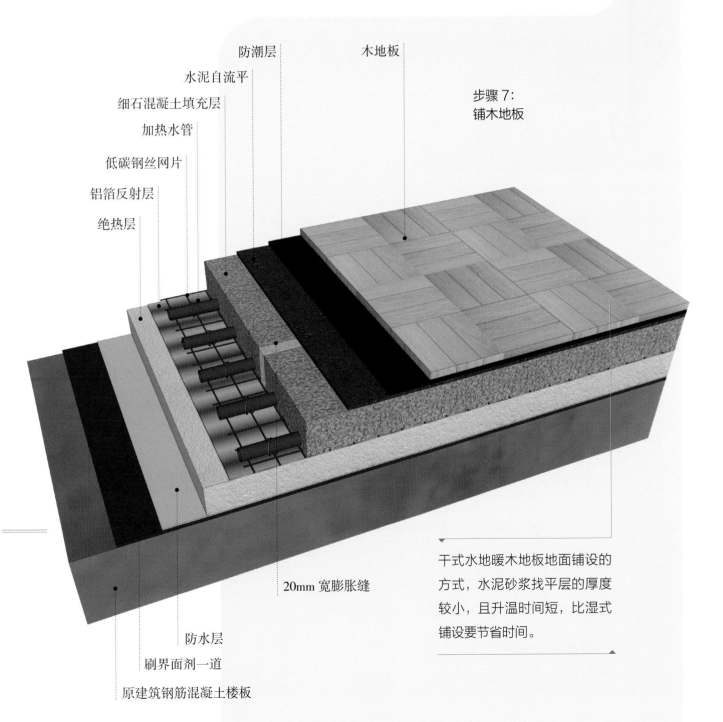

防潮层

木地板

水泥自流平

细石混凝土填充层

加热水管

低碳钢丝网片

铝箔反射层

绝热层

步骤 7：
铺木地板

20mm 宽膨胀缝

防水层

刷界面剂一道

原建筑钢筋混凝土楼板

干式水地暖木地板地面铺设的
方式，水泥砂浆找平层的厚度
较小，且升温时间短，比湿式
铺设要节省时间。

节点 57. 混凝土楼梯木地板踏步

木地板材质的踏步与白色调的空间搭配，烘托了温馨的氛围。

施工步骤

金属防滑条 ⋯⋯⋯⋯

实木板 ⋯⋯⋯⋯

基层板 ⋯⋯⋯⋯

木龙骨 ⋯⋯⋯⋯

原结构楼梯 ⋯⋯⋯⋯

转换成节点图

金属防滑条

实木板
基层板
原结构楼梯

实木板
木龙骨

金属防滑条

混凝土楼梯木地板踏步节点图

步骤 1：
固定木龙骨

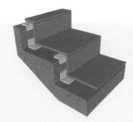

步骤 2：
安装基层板

步骤 3：
铺装木地板

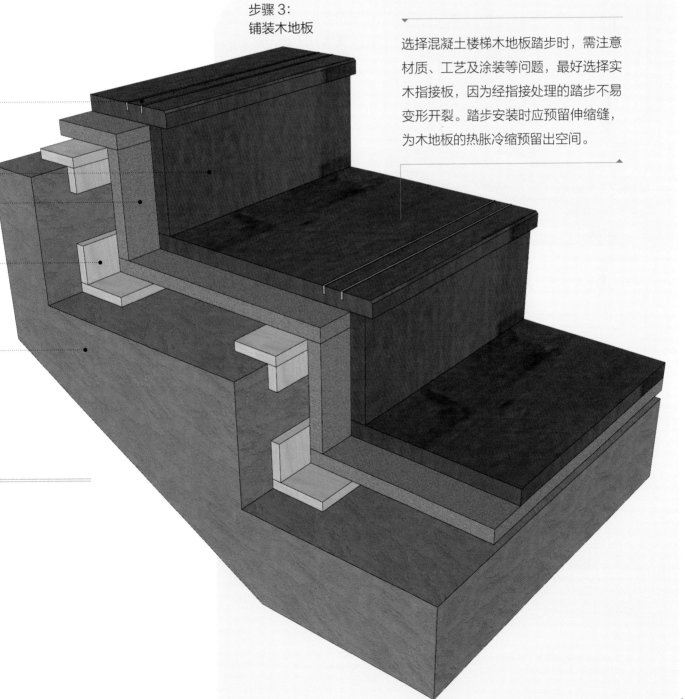

选择混凝土楼梯木地板踏步时，需注意材质、工艺及涂装等问题，最好选择实木指接板，因为经指接处理的踏步不易变形开裂。踏步安装时应预留伸缩缝，为木地板的热胀冷缩预留出空间。

节点 58. 混凝土楼梯带灯带木地板踏步

施工步骤

踏步的装饰面层木材可以选择花梨、金丝柚木、樱桃木、山茶、沙比利等密度较大、质地较坚硬的实木来加工制作成木地板踏步，这些木材制品经久耐用，年头越长越会显露出天然木材的珍贵和高雅。

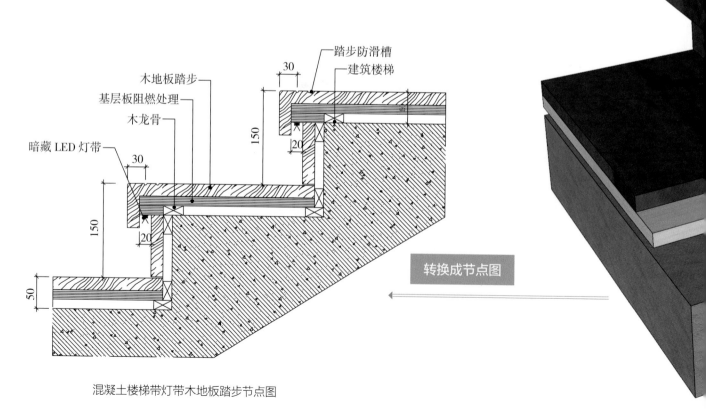

踏步防滑槽
建筑楼梯
木地板踏步
基层板阻燃处理
木龙骨
暗藏 LED 灯带
30
150
20
30
150
20
50

转换成节点图

混凝土楼梯带灯带木地板踏步节点图

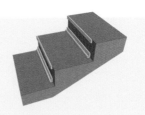

步骤 1：
固定木龙骨

步骤 2：
安装基层板

步骤 3：
铺装木地板

步骤 4：
固定 LED 灯带

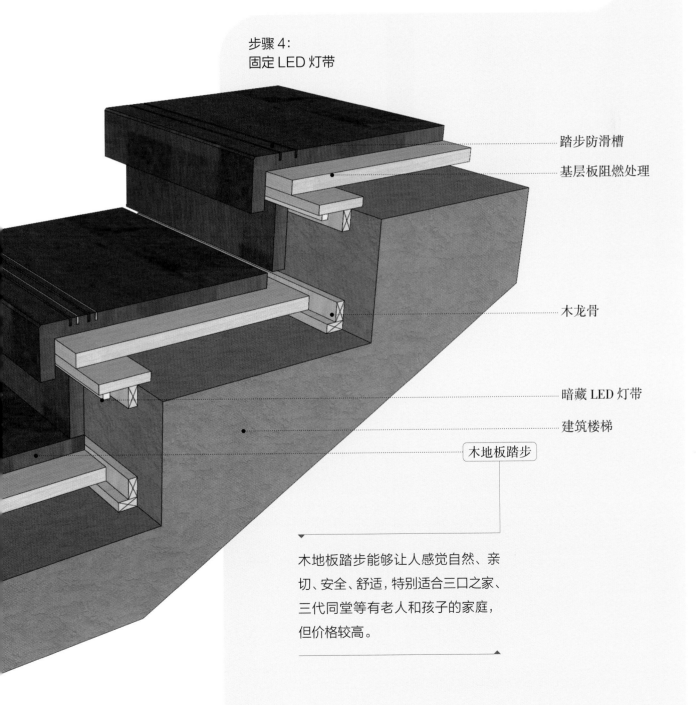

踏步防滑槽

基层板阻燃处理

木龙骨

暗藏 LED 灯带

建筑楼梯

木地板踏步

木地板踏步能够让人感觉自然、亲
切、安全、舒适，特别适合三口之家、
三代同堂等有老人和孩子的家庭，
但价格较高。

节点 59. 混凝土楼梯木地板踏步直角收口

施工步骤

除了金属条外，还可以选择木色边条做直角收口，比起金属条，更符合木地板踏步的调性。

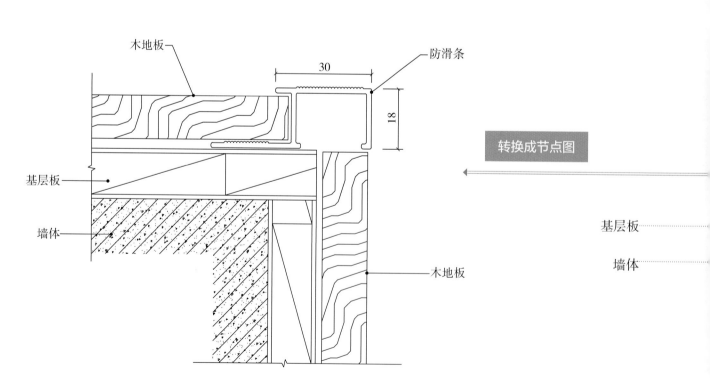

混凝土楼梯木地板踏步直角收口节点图

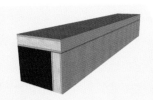

步骤 1：
固定木龙骨

步骤 2：
安装侧面木地板

步骤 3：
固定金属条

步骤 4：
安装木地板

防滑条

木地板

木地板

节点 60. 混凝土楼梯木地板踏步弧形收口

施工步骤

弧形的收口方式，使踏步边缘的尖锐感减轻，也更加贴合比较钝感的空间主调。

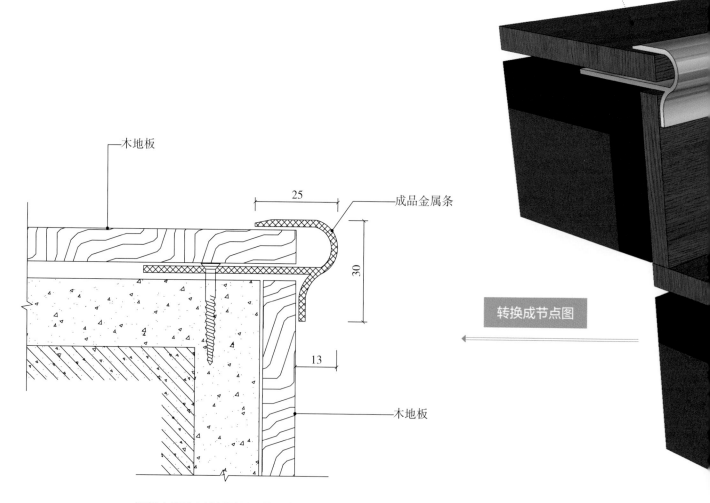

木地板

成品金属条

木地板

木地板

转换成节点图

混凝土楼梯木地板踏步弧形收口步节点图

步骤 1:
水泥砂浆找平

步骤 2:
安装侧面木地板

步骤 3:
固定金属条

步骤 4:
安装木地板

成品金属条

在有踏步的情况下，需要使用成品金属条在边缘位置进行收口。该做法采用了弧面的金属条，一方面起到收口的作用，另一方面可以起到防滑的作用，这种做法多用于商业空间和比较经济的空间，造价低，施工快，效果好。

木地板

节点 61. 钢结构楼梯木地板踏步

施工步骤

钢结构楼梯除了整体形式外，还可以用斜单体支撑的形式，来达到镂空的效果。

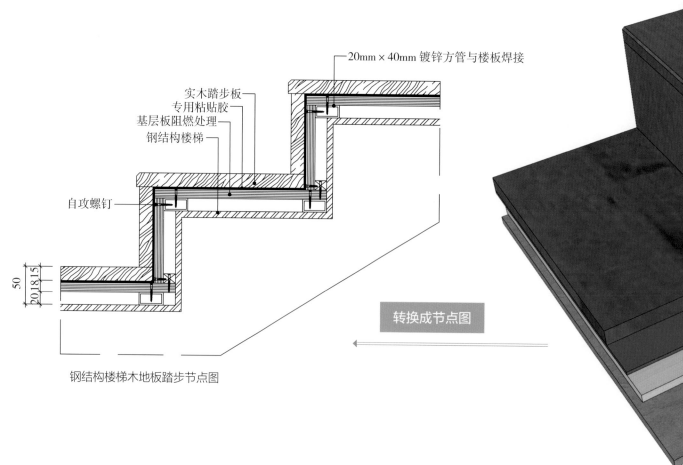

20mm×40mm 镀锌方管与楼板焊接

实木踏步板
专用粘贴胶
基层板阻燃处理
钢结构楼梯

自攻螺钉

50
20 18 15

转换成节点图

钢结构楼梯木地板踏步节点图

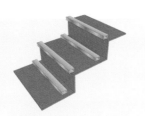

步骤 1:
焊接镀锌方管

步骤 2:
固定基层板

步骤 3:
使用专用胶粘贴木地板

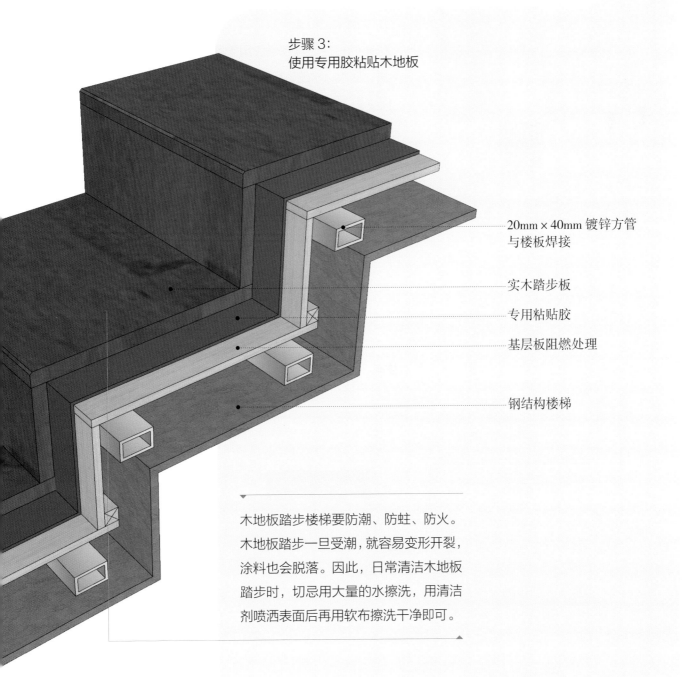

20mm × 40mm 镀锌方管
与楼板焊接

实木踏步板

专用粘贴胶

基层板阻燃处理

钢结构楼梯

木地板踏步楼梯要防潮、防蛀、防火。
木地板踏步一旦受潮，就容易变形开裂，
涂料也会脱落。因此，日常清洁木地板
踏步时，切忌用大量的水擦洗，用清洁
剂喷洒表面后再用软布擦洗干净即可。

节点 62.PVC 地板踏步

施工步骤

弹性地材踏步的使用寿命一般为 30~50 年，具有卓越的耐磨性、防污性和防滑性，在这类踏步上行走十分舒适，其优越的特性使其广泛应用于家居、医院、学校、写字楼等。

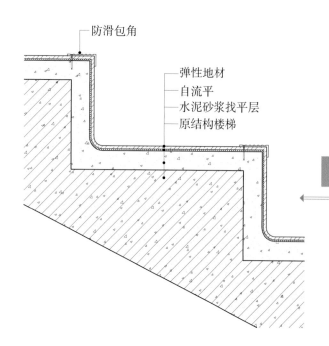

防滑包角

自流平

水泥砂浆找平层

原结构楼梯

防滑包角
弹性地材
自流平
水泥砂浆找平层
原结构楼梯

转换成节点图

PVC 地板踏步节点图

步骤 1：
做找平层

步骤 2：
铺自流平

步骤 3：
铺装 PVC 地板

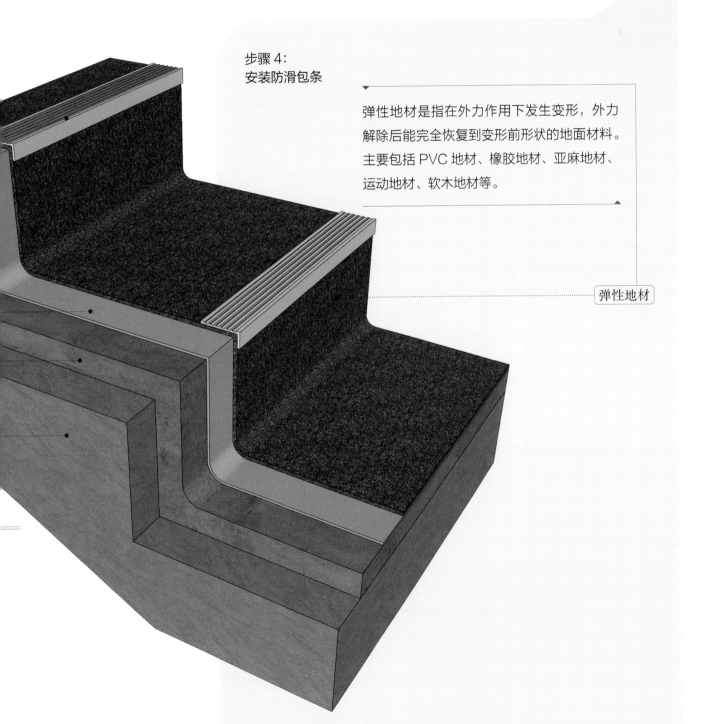

步骤 4：
安装防滑包条

弹性地材是指在外力作用下发生变形，外力解除后能完全恢复到变形前形状的地面材料。主要包括 PVC 地材、橡胶地材、亚麻地材、运动地材、软木地材等。

弹性地材

节点 63. 木地板收边

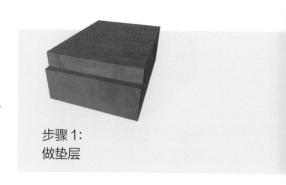

步骤 1：
做垫层

施工步骤

金属压条除了单压边的形式外，还有如实景图
这种双压边的形式，可以用中性玻璃胶进行固定。

金属压条比普通收边条要宽，
很容易起到装饰效果，且能够
有效防止木地板的翘起。

成品金属压条

防潮衬垫

木地板
防潮衬垫
水泥砂浆找平层
刷素水泥膏一道（内掺建筑胶）
轻集料混凝土垫层
原结构楼板
地面完成面

成品金属压条
地面完成面

转换成节点图

木地板收边节点图

步骤 2:
刷掺建筑胶的素水泥膏一道

步骤 3:
做找平层

步骤 4:
铺防潮衬垫

步骤 5:
安装木地板

步骤 6:
固定金属压条

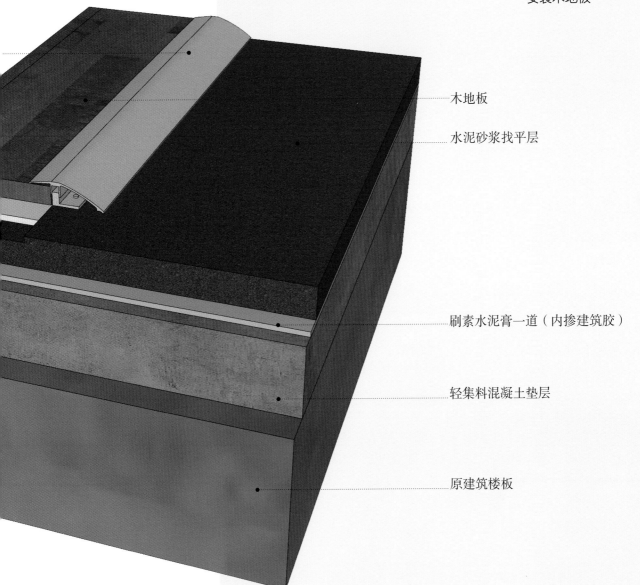

木地板

水泥砂浆找平层

刷素水泥膏一道（内掺建筑胶）

轻集料混凝土垫层

原建筑楼板

节点 64. 木地板与块毯相接地面

步骤1：
刷界面剂并铺防潮层

会议区和走廊通过木地板和块毯两种材质分割开来，让人走在走廊时，会不自觉地避开会议区，让会议区的人们不受干扰。

施工步骤

转换成节点图

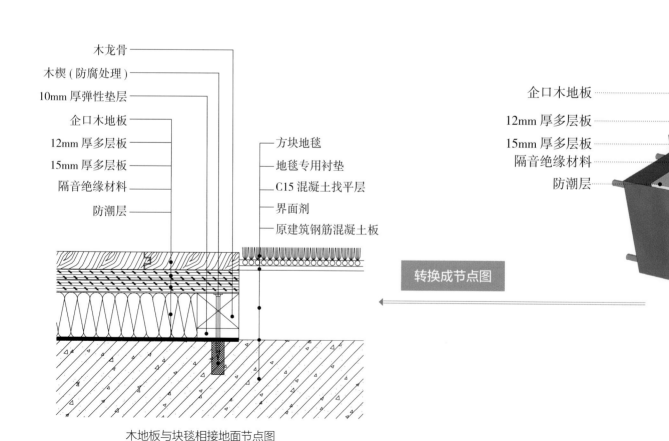

木龙骨
木楔（防腐处理）
10mm 厚弹性垫层
企口木地板
12mm 厚多层板
15mm 厚多层板
隔音绝缘材料
防潮层

方块地毯
地毯专用衬垫
C15 混凝土找平层
界面剂
原建筑钢筋混凝土板

企口木地板
12mm 厚多层板
15mm 厚多层板
隔音绝缘材料
防潮层

木地板与块毯相接地面节点图

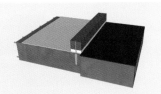

步骤 2:
固定弹性衬垫及木龙骨

步骤 3:
铺隔音材料并铺双层多层板

步骤 4:
做找平层并铺地毯专用衬垫

步骤 6:
铺块毯

步骤 5:
安装木地板

木地板与块毯之间无须收边，
直接拼接即可。

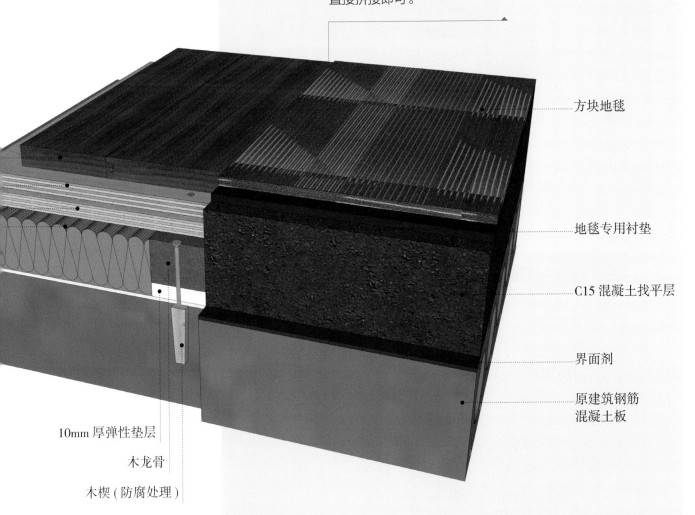

方块地毯

地毯专用衬垫

C15 混凝土找平层

界面剂

原建筑钢筋
混凝土板

10mm 厚弹性垫层

木龙骨

木楔 (防腐处理)

节点 65. 木地板与满铺地毯相接地面

步骤 1：
刷界面并固定木龙骨

步骤 2：
安装双层多层板并固定收口条

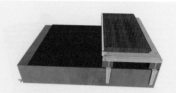

步骤 3：
安装木地板

施工步骤

木地板与满铺地毯相接更适合用于办公空间中，地毯的区域从视觉上让空间形成了单独的空间，如此就可以达到区分空间的目的。

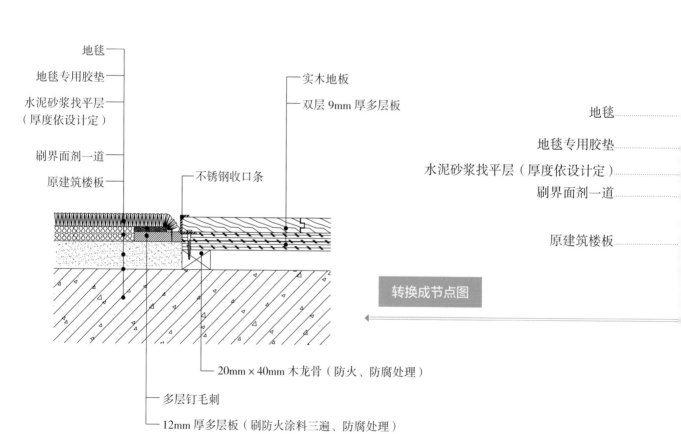

地毯

地毯专用胶垫

水泥砂浆找平层
（厚度依设计定）

刷界面剂一道

原建筑楼板

实木地板

双层 9mm 厚多层板

不锈钢收口条

地毯

地毯专用胶垫

水泥砂浆找平层（厚度依设计定）

刷界面剂一道

原建筑楼板

转换成节点图

20mm × 40mm 木龙骨（防火、防腐处理）

多层钉毛刺

12mm 厚多层板（刷防火涂料三遍、防腐处理）

木地板与满铺地毯相接地面节点图

步骤4:
做找平层

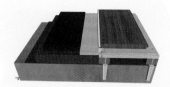

步骤5:
局部固定多层板并铺胶垫

步骤6:
固定倒刺条

步骤7:
满铺地毯

U形不锈钢收边条将木地板的
边缘全面地包裹住，能够更加
有效地防止翘起。

双层9mm厚多层板

实木地板

多层钉毛刺

不锈钢收口条

20mm×40mm木龙骨（防火、防腐处理）

12mm厚多层板（刷防火涂料三遍、防腐处理）

节点 66. 木地板 – 门槛石 – 石材相接地面

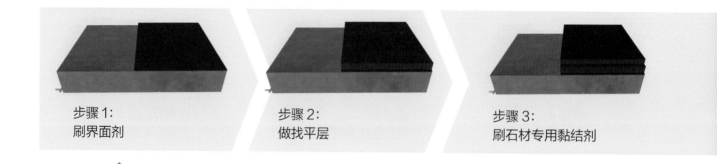

步骤 1：
刷界面剂

步骤 2：
做找平层

步骤 3：
刷石材专用黏结剂

施工步骤

除了倒斜边的工艺外，门槛石也可做找平层，不同颜色的门槛石让空间的区分更加明确，且没有高低的差距，也不容易被绊倒，适用于各类空间。

双层 9mm 厚多层板
防火涂料

原建筑钢筋混凝土楼板

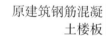

石材门槛 (六面防护)
实木地板
双层 9mm 厚多层板防火涂料
木龙骨 (防火、防腐处理)

石材 (六面防护)
20mm 厚石材专业黏结剂
30mm 厚 1：3 水泥砂浆找平层
刷界面剂一道
原建筑钢筋混凝土楼板

转换成节点图

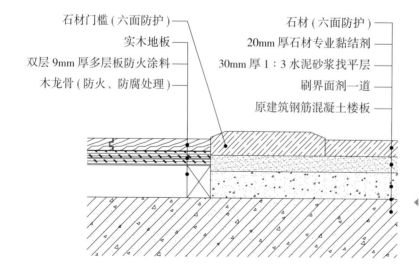

木地板 – 门槛石 – 石材相接地面节点图

步骤 4：
安装门槛石和石材

步骤 5：
固定木龙骨

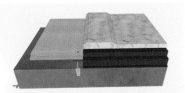

步骤 6：
铺装双层多层板

步骤 7：
安装木地板

倒斜边的门槛石收口方式，让人在经过时能够很快地注意到区域的变化，起到提示性的作用，通常用在一些商业空间或者展览空间中。

实木地板

石材门槛 (六面防护)

石材 (六面防护)

20mm 厚石材专业黏结剂

30mm 厚 1：3 水泥砂浆找平层

木龙骨 (防火、防腐处理)

刷界面剂一道

节点 67. 木地板 – 门槛石 – 砖材相接地面

施工步骤

木地板、门槛石与地砖虽材料不同，但色调统一，而且表面相平、无凸起。

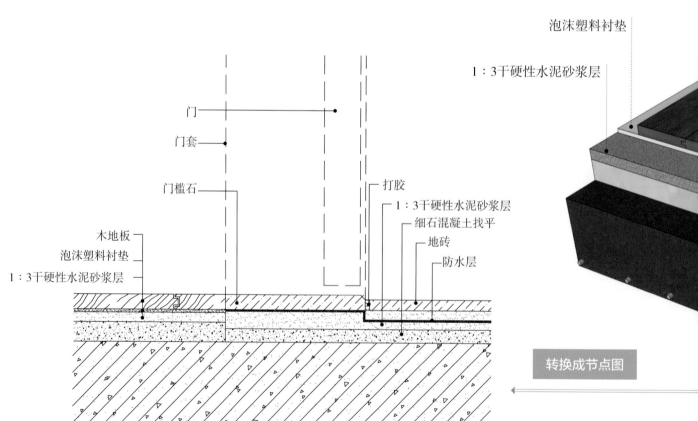

泡沫塑料衬垫

1：3干硬性水泥砂浆层

门

门套

门槛石

打胶

1：3干硬性水泥砂浆层

细石混凝土找平

地砖

防水层

木地板

泡沫塑料衬垫

1：3干硬性水泥砂浆层

转换成节点图

木地板 – 门槛石 – 砖材相接地面节点图

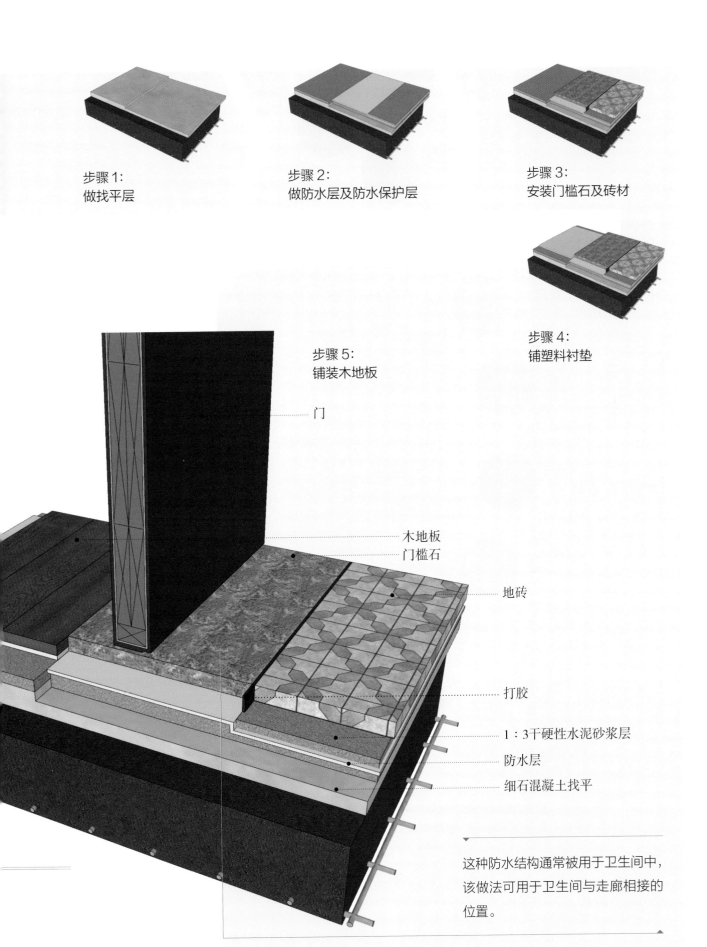

步骤 1:
做找平层

步骤 2:
做防水层及防水保护层

步骤 3:
安装门槛石及砖材

步骤 4:
铺塑料衬垫

步骤 5:
铺装木地板

门

木地板
门槛石

地砖

打胶

1:3干硬性水泥砂浆层

防水层

细石混凝土找平

这种防水结构通常被用于卫生间中，
该做法可用于卫生间与走廊相接的
位置。

专题 **木地板地面设计与施工的关键点**

 材质分类

番龙眼
光滑、纹理清晰，具有耐腐性。适合欧式和中式风格，不适合地热取暖

黑胡桃
色泽较暗，结构均匀，稳定性好，容易加工，耐腐、耐磨

橡木
表面质感好、结构牢固、使用寿命长，且山形木纹鲜明。适合中式、欧式古典风格

金刚柚木
木材光泽强、强度高，纹理直或交错，色泽典雅，调温功能强

桦木
价格较低，颜色浅淡，加工后颜色清透自然，十分百搭

花梨木
木质坚实，花纹呈"八"字形，带有清香的味道，呈红褐色

樱桃木
色泽高雅，赤红，高贵

桃花心木
结构坚固，易加工。色泽温润、大气

枫木
颜色淡雅，纹理美丽多变、细腻，高雅，不耐磨

小叶相思木
呈黑褐色或巧克力色，结构均匀，纹理独特、自然，高贵典雅

实木地板
更常见于家居空间当中

木地板

水曲柳木
纹理明显但不均匀，木质结构粗，纹理直，光泽强，略具蜡质感

实木地板选购技巧。
①测量地板的含水率，国家标准规定的含水率为8%~13%。同批次的含水率应相差±2%以内。
②观测木地板的精度，企口咬合的间隙以及相邻板间高度差应极小。
③检查基材的缺陷，重点检查地板是否有死节、活节、开裂、腐朽、菌变等缺陷。
④选择合适的尺寸，建议选择中短长度的，不易变形。

两层实木复合地板
由表板和芯板两部分组成，强度不如其余
两种高，现较少使用

三层实木复合地板
最上层为表板，是选用优质树种制作的实木拼板或
单板；中间层为实木拼板，一般选用松木；下层为
底板，以杨木和松木为主

多层实木复合地板
每一层之间都是纵横交错的结构，是
复合地板中稳定性最可靠的一种

实木复合地板
常见于家居空间
或酒店空间当中

实木复合地板选购技巧。
①环保指标必须符合国家
标准要求。
②即使是用高端树木板材
做成的实木复合地板，质
量也有优有劣。所以在选
购时，最好购买品牌效应
比较好的实木复合地板。

强化地板选购技巧。
①家庭用地板耐磨转数通常选用
6000转以上，而在公共场所通常
选用9000转以上。
②游离甲醛释放量不能超过国家
规定的指标值（1.5 mg/ L）。
③基材密度应为0.82~0.96g/cm³。

三氧化二铝
标准的强化地板表面，使用的都是含有三氧化
二铝的耐磨纸，它有多种类型，但只有使用
46g的才能保证表面的耐磨性能

三聚氰胺
三聚氰胺表面涂层，一般适合用在耐磨程度
要求不高的地方

钢琴漆面
实际上是将用于实木地板表面的油漆，用于强化
地板，只是使用的漆比较亮，耐磨程度不能与三
氧化二铝表面相比，非常低

强化地板
在商业空间、家居
空间、酒店空间中
都十分常见

PVC片材地板
施工简单、易更换，适合用于商
场、超市、家居、走廊、办公室
等空间中

PVC卷材地板
适用范围广、富有弹性，
学校、医院、家居、实验
室等各种场所均适用

软木地板选购技巧。
①观察表面是否光滑，颗粒是否纯净，
若是则表明品质较高。
②将地板两对角线合拢，观其弯曲表面
是否出现裂痕，若无则表明为优质品。
③将小块方试样放入开水中浸泡，优质
品遇开水后表面应无明显变化。
④软木地板密度分为400~450 kg/m³、
450~500kg/m³以及大于500kg/m³三级。
一般家庭选用400~450kg/m³足够，若
室内有重物，则可选稍大些的。

单色亚麻地板
颜色单一，并且基本
无纹理，比较容易搭
配，适合各种风格

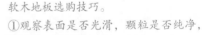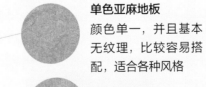

软木地板
适用于家居空间、
会议空间、图书馆
及录音棚等

复色亚麻地板
由两种或两种以上的颜色组
成，适合做不同形状的拼贴，
若与其他色彩组合搭配需谨慎

通用工艺

木地板虽具有防潮的功能，但无法防水，因此在做地面装饰时，都会使用在不需要防水和铺设地暖的一般空间，以及地暖空间当中。其中在一般空间当中木地板的铺设方式可分为悬浮铺设法、胶粘法、龙骨架空法及毛地板架空法，分别适用不同的地板以及室内空间当中。

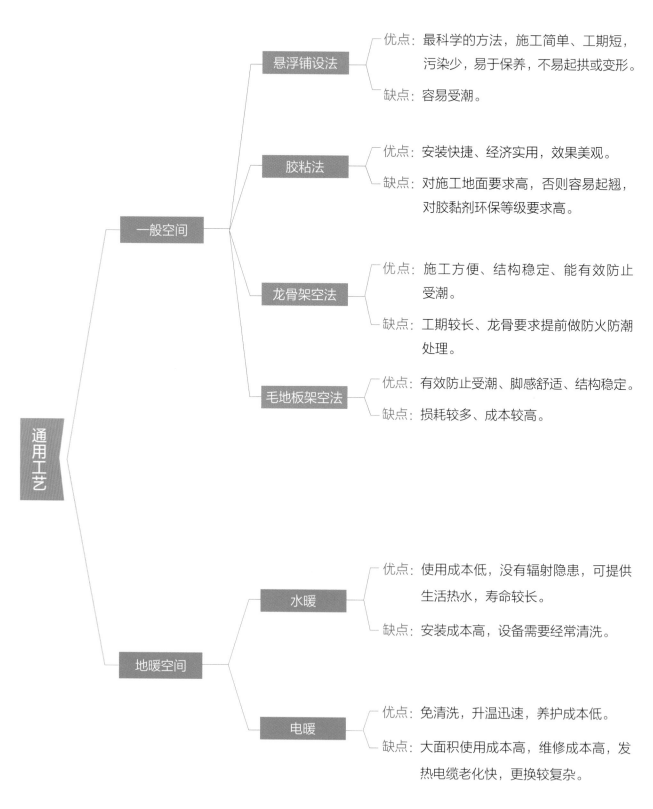

通用工艺

一般空间

悬浮铺设法
- 优点：最科学的方法，施工简单、工期短，污染少，易于保养，不易起拱或变形。
- 缺点：容易受潮。

胶粘法
- 优点：安装快捷、经济实用，效果美观。
- 缺点：对施工地面要求高，否则容易起翘，对胶黏剂环保等级要求高。

龙骨架空法
- 优点：施工方便、结构稳定、能有效防止受潮。
- 缺点：工期较长、龙骨要求提前做防火防潮处理。

毛地板架空法
- 优点：有效防止受潮、脚感舒适、结构稳定。
- 缺点：损耗较多、成本较高。

地暖空间

水暖
- 优点：使用成本低，没有辐射隐患，可提供生活热水，寿命较长。
- 缺点：安装成本高，设备需要经常清洗。

电暖
- 优点：免清洗，升温迅速，养护成本低。
- 缺点：大面积使用成本高，维修成本高，发热电缆老化快，更换较复杂。

搭配技巧

拉开色差来形成空间感

考虑整体的设计效果，实木地板宜与其他部分拉开色差，来形成空间感。如使用的家具是深色，实木复合地板的色调可比家具略浅一些；若家具及墙面的颜色较淡，实木复合地板的颜色应深一些。

选择比家具和窗帘略浅的实木复合地板，使卧室的空间感更强。

根据使用空间选择强度

一般来讲，木材的密度越高，强度也越大。但不是所有空间都需要高强度的实木地板，人流活动大的空间可选择强度高的品种，如巴西柚木、杉木等；而卧室则可选择强度相对低一些的品种，如水曲柳、红橡、山毛榉等；老人住的房间则可选择强度一般但十分柔和温暖的柳桉、西南桦等。

客厅使用硬度高的实木地板，可以延长使用寿命，保证美观性。

根据面积选择合适的颜色

　　木地板的颜色深浅可根据家庭装饰面积的大小而定。例如，面积大或采光好的房间，使用深色木地板可使房间显得紧凑；面积小的房间，使用浅色木地板能给人以开阔感，使房间显得更明亮。

深色系的木地板令大面积的客厅不显空旷。

浅色系的木地板令小面积的卧室更加明亮。

多样化的拼贴方式

 二分之一铺法　　 三六九铺法

工字形

工字形铺法十分常见，加上斜铺的方式则让空间显得既个性又大气。

人字形

人字形铺法对材料的损耗较小，可以增强空间的立体感，但是对材料的规格要求更为准确。

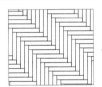 单人字形铺法　　 双人字形铺法

 正铺法　 斜铺法

鱼骨形

鱼骨形铺法的设计感强，且装饰效果很突出，但是对于人工和材料的要求更高。

田字形

田字形铺法有复古感且趣味性较强，尤其是马赛克的形式，会采用多个颜色的地板材料，但是施工难度大，对花纹的要求也较高。

 大田字形铺法　 马赛克形铺法

凡尔赛形

凡尔赛形铺法的拼贴
方式复杂，能够带来豪
华的效果，经常搭配于
欧式风格的室内空间
当中。

钻石形

钻石形铺法的施工难度较
大，但能够带来较为立体
的效果，装饰效果较佳。

镶嵌图案形

镶嵌图案形铺法的视觉
效果很好，但其价格最
昂贵，损耗也很大。

回字形

回字形铺法的样式很多，
也能适合多种风格，但其
建材耗费会稍大一些。

地毯

　　地毯是以天然材料或合成纤维为原料编织而成的一种地材，集装饰性和实用性于一体。其图案丰富、色彩绚丽、造型多样，脚感舒适、弹性极佳、有温暖感，且具备良好的防滑性，人在上面不易滑倒和磕碰。表面绒毛可以捕捉、吸附空气中的尘埃颗粒，有效改善室内空气质量并降噪。冬天可以保暖，夏天可以防止冷气流失，达到调温、节能的目的。

第五章

节点 68. 块毯铺贴地面

施工步骤

　　深色的地毯耐脏，同时不同深浅的色块拼接在一起，让办公空间内的地面看上去更加灵动。

细石混凝土找平层

界面剂

建筑楼板

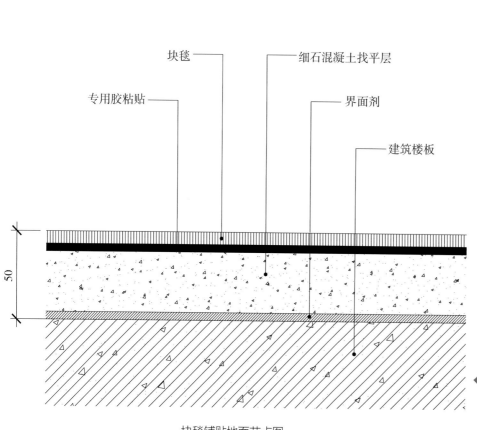

块毯

专用胶粘贴

细石混凝土找平层

界面剂

建筑楼板

50

转换成节点图

块毯铺贴地面节点图

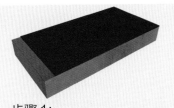

步骤 1:
刷界面剂

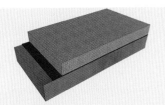

步骤 2:
用细石混凝土做找平层

步骤 3:
专用胶粘贴块毯

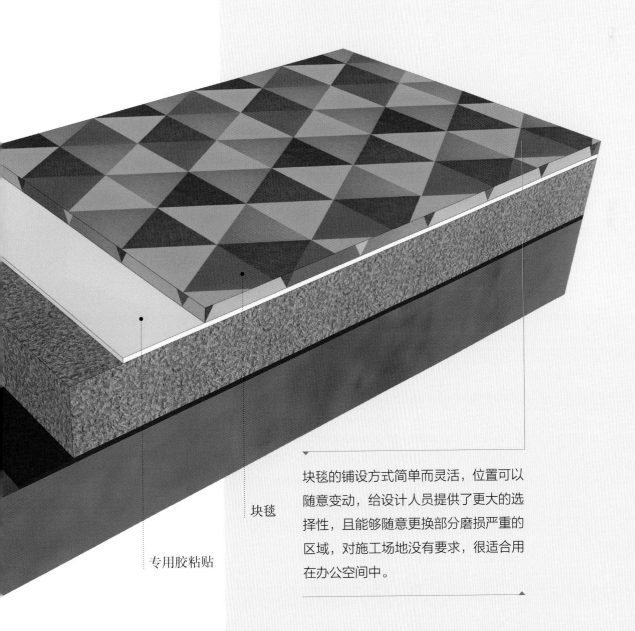

块毯

专用胶粘贴

块毯的铺设方式简单而灵活,位置可以随意变动,给设计人员提供了更大的选择性,且能够随意更换部分磨损严重的区域,对施工场地没有要求,很适合用在办公空间中。

节点 69. 地毯满铺地面

满铺地毯的铺设效果更好，没有缝隙，更加具有整体性。但是更换时需要整体更换，成本较高。

施工步骤

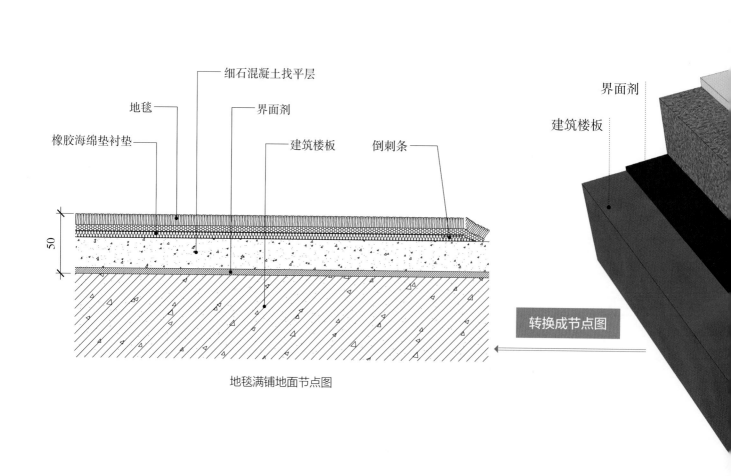

细石混凝土找平层

地毯

界面剂

橡胶海绵垫衬垫

建筑楼板

倒刺条

界面剂

建筑楼板

50

转换成节点图

地毯满铺地面节点图

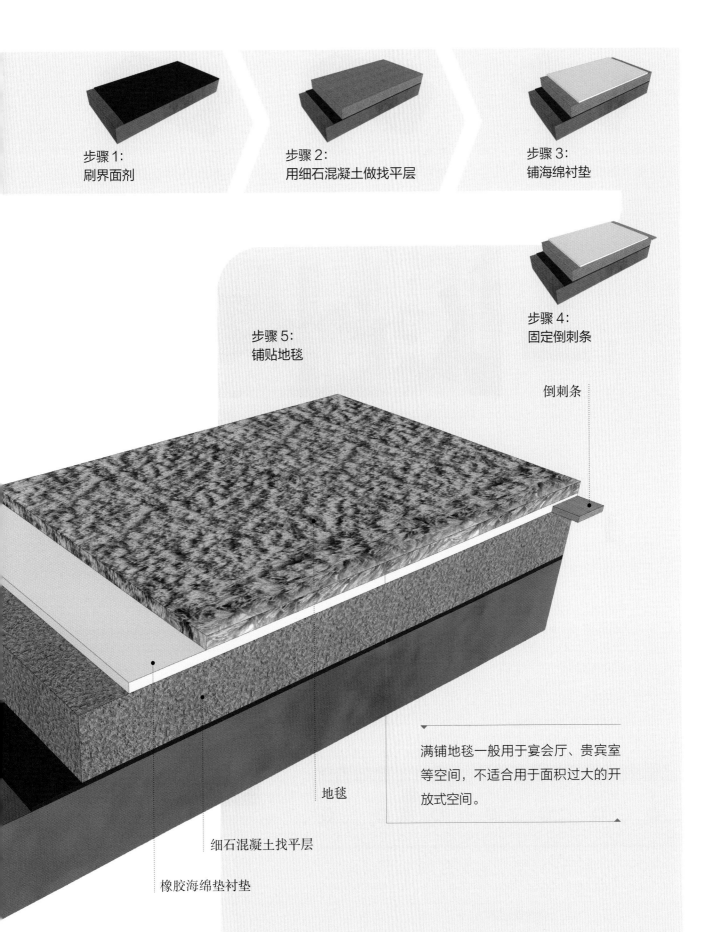

步骤 1：
刷界面剂

步骤 2：
用细石混凝土做找平层

步骤 3：
铺海绵衬垫

步骤 4：
固定倒刺条

步骤 5：
铺贴地毯

倒刺条

满铺地毯一般用于宴会厅、贵宾室等空间，不适合用于面积过大的开放式空间。

地毯

细石混凝土找平层

橡胶海绵垫衬垫

节点 70. 地暖地毯地面

步骤1：
刷界面剂并做防水层

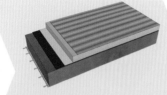

步骤2：
做绝热层并铺铝箔反射层

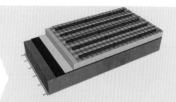

步骤3：
铺钢丝网并固定加热水管

施工步骤

地毯相比其他地面材料，保温效果更好，脚感也更加舒适。

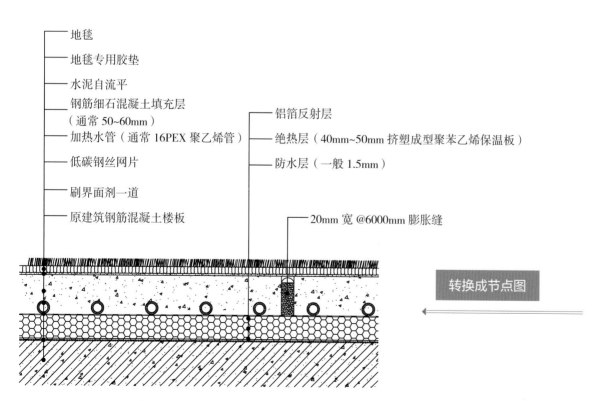

地毯
地毯专用胶垫
水泥自流平
钢筋细石混凝土填充层
（通常50~60mm）
加热水管（通常16PEX聚乙烯管）
低碳钢丝网片
刷界面剂一道
原建筑钢筋混凝土楼板

铝箔反射层
绝热层（40mm~50mm挤塑成型聚苯乙烯保温板）
防水层（一般1.5mm）

20mm 宽 @6000mm 膨胀缝

转换成节点图

地暖地毯地面节点图

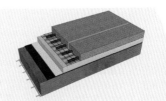

步骤 4:
细石混凝土填充

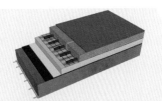

步骤 5:
做水泥自流平

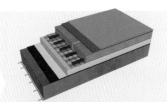

步骤 6:
铺地毯专用胶垫

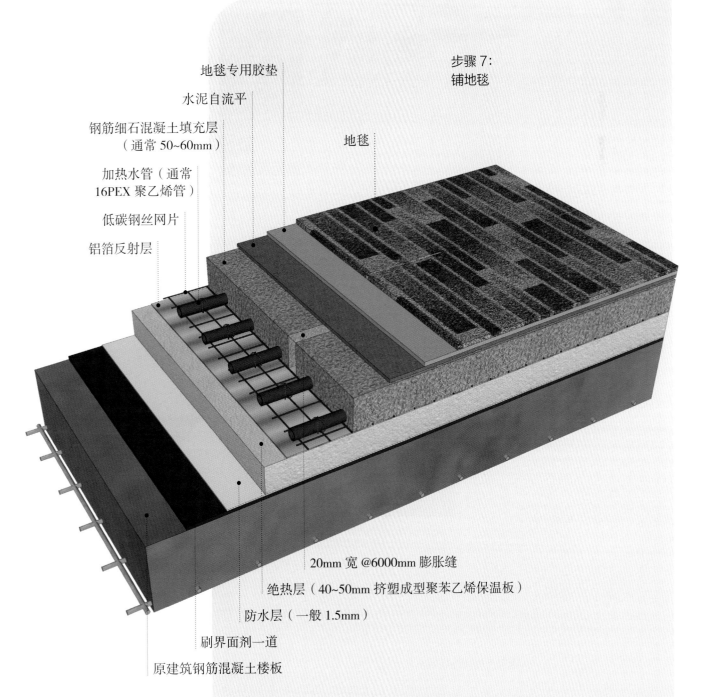

步骤 7:
铺地毯

地毯专用胶垫

水泥自流平

钢筋细石混凝土填充层
（通常 50~60mm）

加热水管（通常
16PEX 聚乙烯管）

低碳钢丝网片

铝箔反射层

地毯

20mm 宽 @6000mm 膨胀缝

绝热层（40~50mm 挤塑成型聚苯乙烯保温板）

防水层（一般 1.5mm）

刷界面剂一道

原建筑钢筋混凝土楼板

节点 71. 混凝土楼梯地毯踏步

施工步骤

地毯踏步用在办公空间或咖啡厅做较宽的台阶，可以做一个开放式的阅读区，人们能在这个区域内进行交流，增加互动。

5mm 厚橡胶海绵衬垫

1 ：2.5 水泥砂浆

混凝土楼板

收口倒刺条

5mm 厚橡胶海绵衬垫

1 ：2.5 水泥砂浆

混凝土楼板

金属压毯棍

转换成节点图

混凝土楼梯地毯踏步节点图

步骤 1：
铺水泥砂浆

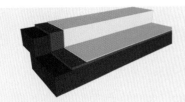

步骤 2：
铺海绵衬垫

步骤 3：
铺贴地毯并安装金属压毯棍

金属压毯棍

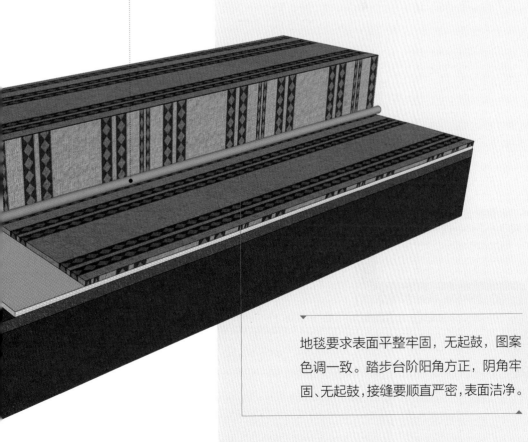

地毯要求表面平整牢固，无起鼓，图案
色调一致。踏步台阶阳角方正，阴角牢
固、无起鼓，接缝要顺直严密，表面洁净。

节点 72. 钢结构楼梯地毯踏步

施工步骤

地毯踏步可以起到很好的防滑、静音效果，通常用在有静音要求的居室内、办公空间内或酒店的楼梯上。

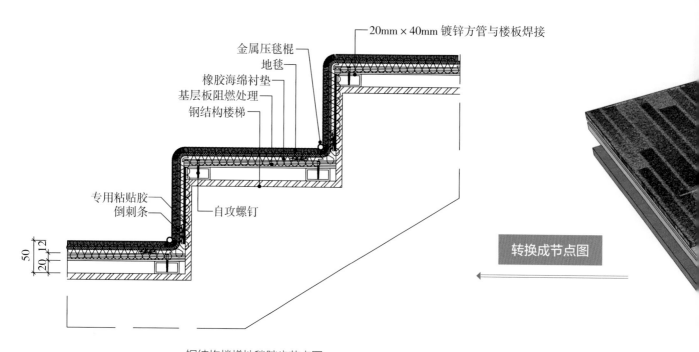

20mm×40mm 镀锌方管与楼板焊接

金属压毯棍
地毯
橡胶海绵衬垫
基层板阻燃处理
钢结构楼梯

专用粘贴胶
倒刺条
自攻螺钉

50
20 12

转换成节点图

钢结构楼梯地毯踏步节点图

步骤 1:
焊接镀锌钢管

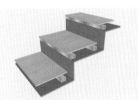

步骤 2:
安装阻燃板

步骤 3:
固定倒刺条

步骤 5:
铺贴地毯并安装金属压毯棍

步骤 4:
铺海绵衬垫

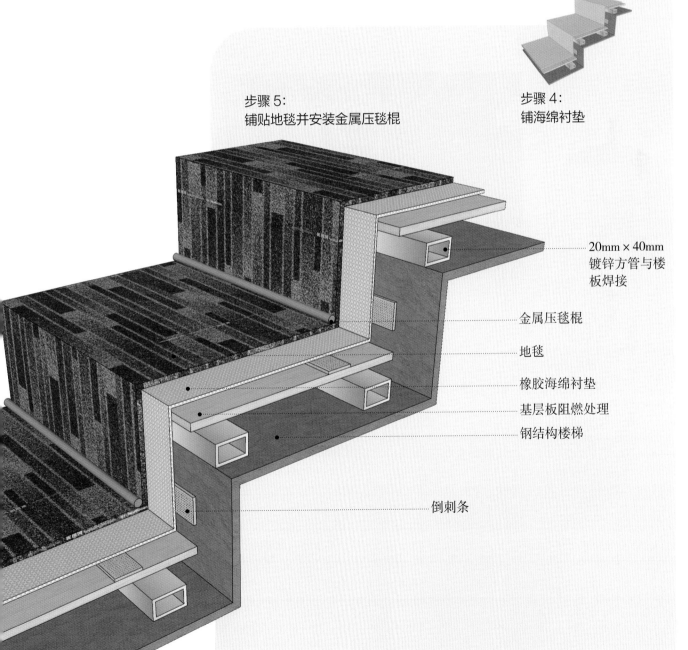

20mm × 40mm
镀锌方管与楼
板焊接

金属压毯棍

地毯

橡胶海绵衬垫

基层板阻燃处理

钢结构楼梯

倒刺条

节点 73. 地毯与环氧磨石相接地面

步骤 1：
刷界面剂并固定金属嵌条

步骤 2：
做找平层

步骤 3：
环氧磨石底涂后铺料再做防护罩面层

施工步骤

地毯的色彩与蓝色的墙面让左边的区域在视觉上形成了独立的空间，和走廊的环氧磨石做出了明显的区别。这种相接方式适用在办公空间以及商业空间中。

地毯
地毯胶垫
水泥自流平
找平层
倒刺条
刷界面剂一道

原建筑楼板

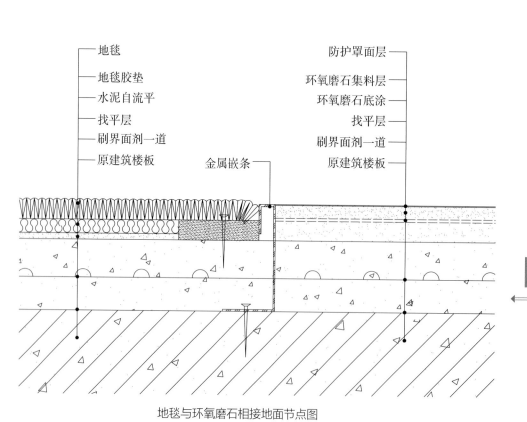

地毯
地毯胶垫
水泥自流平
找平层
刷界面剂一道
原建筑楼板

防护罩面层
环氧磨石集料层
环氧磨石底涂
找平层
刷界面剂一道
原建筑楼板

金属嵌条

转换成节点图

地毯与环氧磨石相接地面节点图

步骤 4：
固定倒刺条

步骤 5：
做水泥自流平

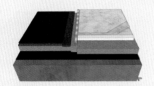

步骤 6：
铺地毯专用胶垫

步骤 7：
铺地毯

地毯与环氧磨石相接，在铺设时要注意，地毯要最后铺设，如此才能够保证环氧磨石施工过程中不会污染到地毯，避免重复清洁。

防护罩面层

环氧磨石集料层

环氧磨石底涂

找平层

节点 74. 地毯 – 门槛石 – 砖材相接地面

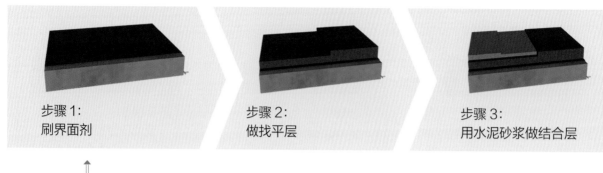

步骤 1：
刷界面剂

步骤 2：
做找平层

步骤 3：
用水泥砂浆做结合层

施工步骤

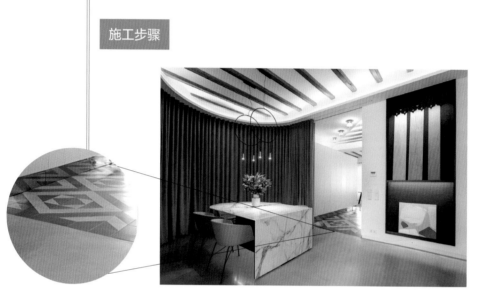

地毯和瓷砖隐形分割了两个空间的功能，并利用拉帘来营造私密空间。

门槛石

地砖

20mm 厚水泥砂浆结合层

30mm 厚 1：3 水泥砂浆找平层

界面剂一道

原建筑楼板

门槛石

地砖

20mm 厚水泥砂浆结合层

30mm 厚 1：3 水泥砂浆找平层

界面剂一道

原建筑楼板

T 形不锈钢嵌条

切角

原建筑楼板

倒刺条

地毯

地毯专用胶垫

转换成节点图

地毯 – 门槛石 – 砖材相接地面节点图

步骤 4：
铺贴瓷砖和门槛石

步骤 5：
固定 T 形不锈钢嵌条

步骤 6：
铺胶垫和倒刺条

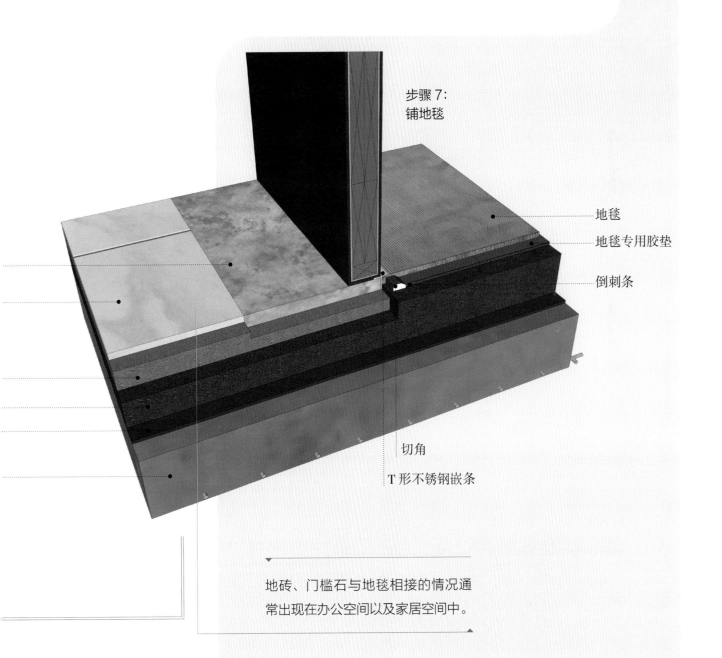

步骤 7：
铺地毯

地毯

地毯专用胶垫

倒刺条

切角

T 形不锈钢嵌条

地砖、门槛石与地毯相接的情况通常出现在办公空间以及家居空间中。

节点 75. 地毯 – 门槛石 – 石材相接地面

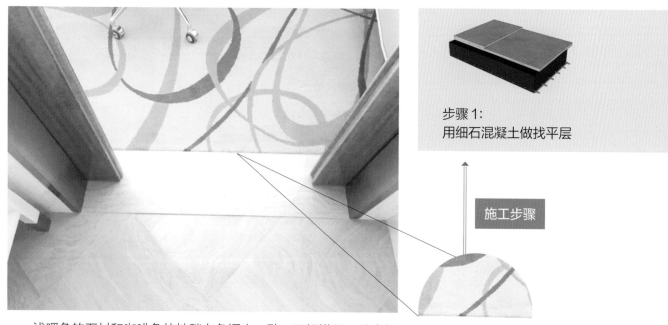

步骤 1：
用细石混凝土做找平层

施工步骤

　　浅暖色的石材和咖啡色的地毯在色调上一致，互相搭配，让空间的整体氛围都是温馨且干净的。

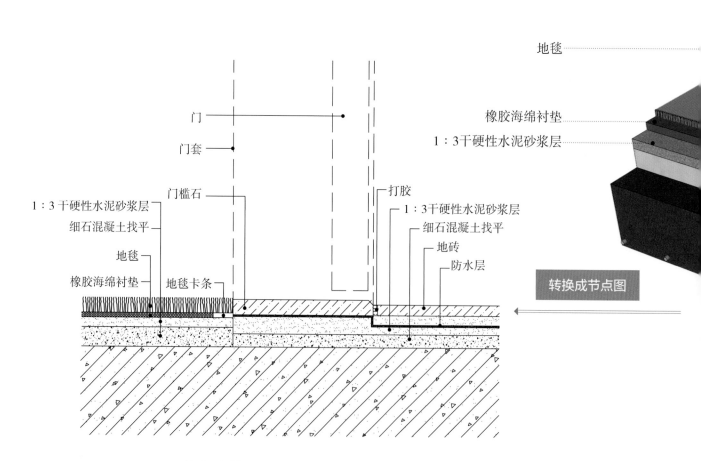

地毯 – 门槛石 – 石材相接地面节点图

步骤 2：
做防水层和防水保护层

步骤 3：
铺贴石材和门槛石

步骤 4：
固定地毯卡条

步骤 5：
铺海绵衬垫

步骤 6：
铺地毯

门槛石和石材下层都带有防水层，一般这种做法常用于厨房、卫生间、阳台与其他空间相接的位置。不做防水层时也可用在办公空间中。

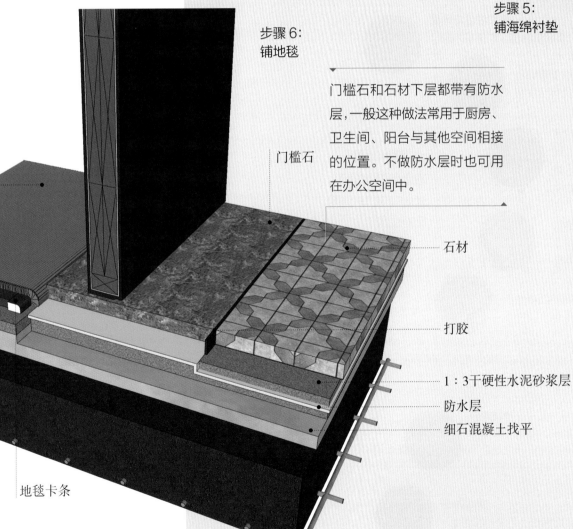

门槛石

石材

打胶

1：3干硬性水泥砂浆层

防水层

细石混凝土找平

地毯卡条

专题 **地毯地面设计与施工的关键点**

材质分类

混纺地毯
耐磨性高，吸声、保湿、弹性好，手感与羊毛地毯差不多，还耐虫蛀

纯棉地毯
抗静电，吸水性强，脚感柔软舒适，便于清洗

羊毛地毯
具有天然的弹性，脚感舒适，不带静电，阻燃

化纤地毯
耐磨，有弹性，不易腐蚀，不易霉变，阻燃性差，抗静电性较差，价格较低

织物类地毯
更适合用于客餐厅、书房、卧室等位置

织物类地毯选购技巧。
①手摸绒头，密度丰满的则质量好。
②毯面平整，没有色差的质量好。
③用手在毯面上摩擦，手上若不粘颜色，则说明色牢度佳。
④用手轻撕底布，粘接力高的为优质品。

编织纹剑麻地毯
有单色、双色或混色，纹理最为明显

鱼骨纹剑麻地毯
单色居多，具有活泼感

螺纹剑麻地毯
分小、中、大三种螺纹，规则性较强，最为常见

菠萝纹剑麻地毯
单色居多，纹理立体感较强

虎眼纹剑麻地毯
款式多，较为个性，纹理立体感强

剑麻地毯
适合用于客餐厅、玄关、卧室及飘窗的位置

地毯

剑麻地毯选购技巧。
①看密度，越紧实越好。
②用湿纸巾来回擦拭地毯，不褪色则说明质量好。
③根据空间风格和大小来决定地毯颜色和尺寸。

塑料地毯
防水、防滑，易清理

塑胶地毯
常用于宾馆、商场等公共空间中

塑胶地毯选购技巧。
①看产品标签，是否符合《地毯标签》（QB2397—2008）中的标准。
②看地毯质量检测报告是否达标。

橡胶地毯
防霉，防滑，防虫蛀，防潮，耐腐蚀，绝缘，清扫方便

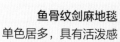
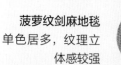

通用工艺

地毯中具备防水功能的只有塑料地毯，一般都是整块地毯直接铺在卫生间或公共空间走廊的位置，无须施工。对于地毯，不建议搭配地暖，因此，根据满铺法和块毯铺设法，分别有倒刺条固定法和粘贴法两种施工方式。

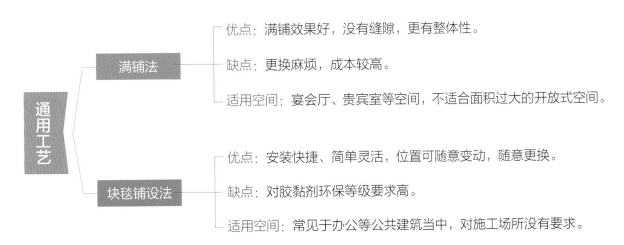

通用工艺

满铺法
- 优点：满铺效果好，没有缝隙，更有整体性。
- 缺点：更换麻烦，成本较高。
- 适用空间：宴会厅、贵宾室等空间，不适合面积过大的开放式空间。

块毯铺设法
- 优点：安装快捷、简单灵活，位置可随意变动，随意更换。
- 缺点：对胶黏剂环保等级要求高。
- 适用空间：常见于办公等公共建筑当中，对施工场所没有要求。

搭配技巧

地毯宜突出于瓷砖或地板

通过色彩深浅的变化使地毯与瓷砖或地板区别开来，可使空间的设计层次更加丰富。地毯突出于瓷砖或地板有两种方法：一种是地毯颜色偏深，地面颜色偏浅，使地毯成为空间内的视觉主体；另一种是地毯颜色偏浅，地面颜色偏深，也可使地毯区域突出出来。

地毯的色彩略深于地砖，使人们的焦点聚焦于沙发区，让主体更突出。

根据风格选择地毯的花型

选择地毯的颜色、花纹、图案等因素时，需注意与室内风格的协调性。比如在简约风格的家居中，可以选用简洁花纹或线条的地毯来衬托整体的环境；而在欧式家居中则可以选择带有复古花纹的地毯。

现代风格的居室搭配几何造型的地毯，强化风格特征的同时活跃了气氛。

简化的八卦元素地毯与中式风格搭配，增加空间层次感的同时，强化了风格。

客厅内的地毯，尺寸考虑周全，才能同时满足美观性和使用的便捷性。

块毯尺寸要考虑周全

　　为了便于清洁打理，家居空间中的块毯很少会采取胶粘法固定，若过大或过小，使用时会发生移动，十分不便，因此在选择尺寸时，需考虑周全一些。如客厅中的块毯可结合茶几的尺寸，放在茶几下面，还可将沙发放在地毯上，形成整体划一的感觉；而餐厅地毯的选择，则要考虑到餐桌及拉出椅子的面积。

　　餐厅内若铺设地毯，会按照椅子拉开后的范围进行铺设，因此会比合上的状态整体大一圈。

色彩宜与其他部分相呼应

地毯的色彩除了本色外，还有很多染色的款式，可选择性是比较丰富的。在选择其色彩时，可参考墙面、家具或窗帘等部分的色彩，如墙面为绿色，搭配一款同色系的地毯，会更具整体感。

选择与墙面同色但明度略低的地毯，统一而不乏层次感。

选择比沙发更低饱和度的灰粉色地毯，迎合了奶油色的主色调，同时降低了地毯的存在感。

剑麻地毯更适合配色素雅的空间

剑麻地毯的色彩都比较低调、素雅，且材质本身的自然感很强，因此，不适合用在华丽、现代类型风格的室内空间中，更适合新中式、北欧、简约、美式等风格之中，适合配色素雅的空间。

色调居于地面和家具之间的剑麻地毯，使整体配色素雅而不单调。

剑麻地毯搭配布艺或木质家具更协调

剑麻地毯给人质朴、自然的感觉，因此，更适合搭配与其具有类似效果的布艺沙发、木质沙发或木质茶几等类型的家具。如布艺沙发组合实木茶几，而后地面使用植物纤维地毯，整体会给人舒适、协调的感觉。

布艺沙发组合木质茶几和剑麻地毯，类似的气质具有极强的协调感。

玻璃

　　玻璃作为透光材料，经常被用于墙面、隔断、家具、顶面以及地面当中，能够增加通透性，起到美化空间的作用。玻璃做地面时，需要注意其承载力、防滑性能、耐久性以及灵活性，以此来保证安全。在多种玻璃材料中，更多地会采用钢化玻璃，如此才能保证其安全性能。

第六章

节点 76. 框支撑法玻璃地面

小面积使用，可采用整块玻璃，无接缝处则不会有密封胶，装饰效果会更好，空间上下更加具有通透感。

施工步骤

柔性垫层

定制金属龙骨

镀锌角钢

M8 膨胀螺栓

转换成节点图

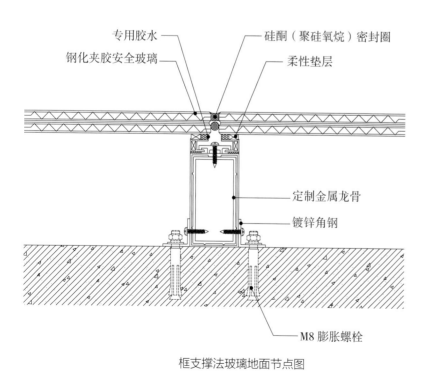

专用胶水
硅酮（聚硅氧烷）密封圈
钢化夹胶安全玻璃
柔性垫层
定制金属龙骨
镀锌角钢
M8 膨胀螺栓

框支撑法玻璃地面节点图

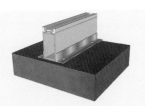

步骤1：
固定金属龙骨

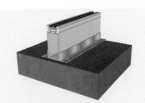

步骤2：
设置柔性垫层

步骤3：
铺设玻璃

专用胶水

硅酮（聚硅氧烷）密封圈　　钢化夹胶安全玻璃

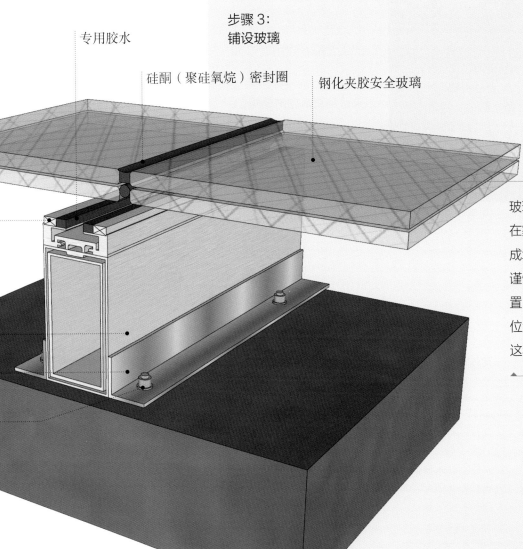

玻璃地面装饰性很强，但是在家居空间使用时，容易造成地面的保暖功能下降，应谨慎选择玻璃地面的使用位置，可以选择设计在楼梯等位置上，公共空间中更常见这种地面形式。

节点 77. 点支撑法玻璃地面

玻璃地面除了整面发光的形式外，还可以通过置入粗糙、有质感的工艺品，再用筒灯或射灯进行照射的方式，来达到艺术感的效果。

施工步骤

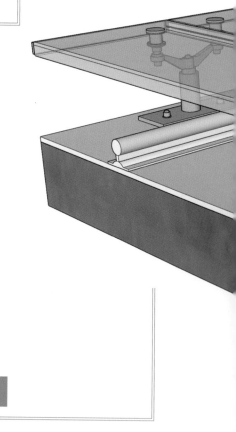

转换成节点图

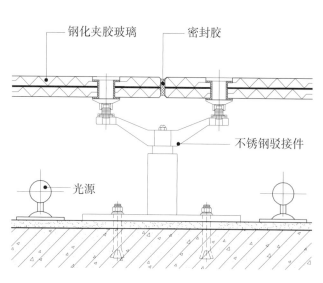

点支撑法玻璃地面节点图

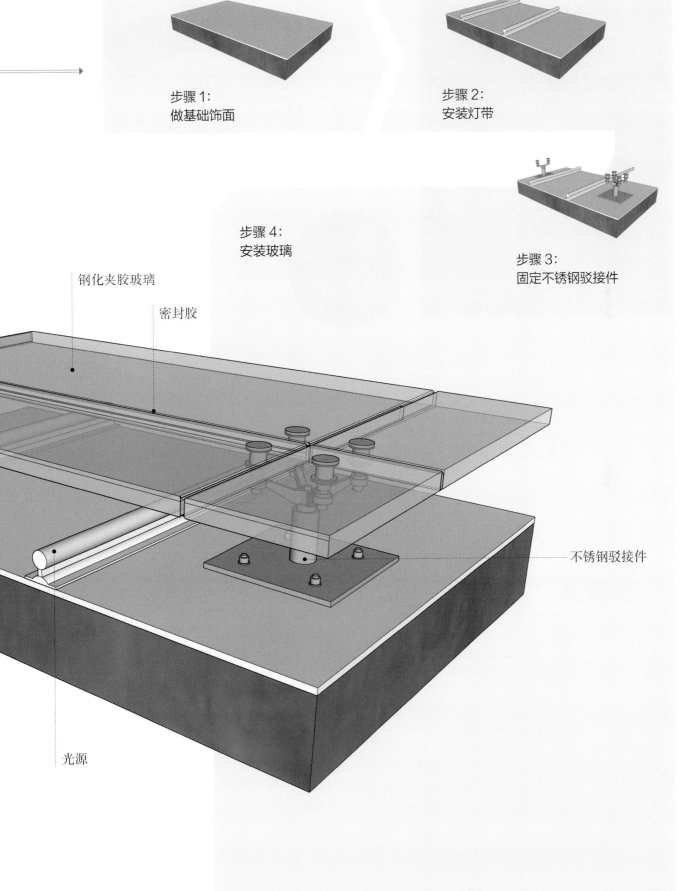

步骤 1:
做基础饰面

步骤 2:
安装灯带

步骤 4:
安装玻璃

步骤 3:
固定不锈钢驳接件

钢化夹胶玻璃

密封胶

不锈钢驳接件

光源

节点 78. 玻璃与石材相接地面

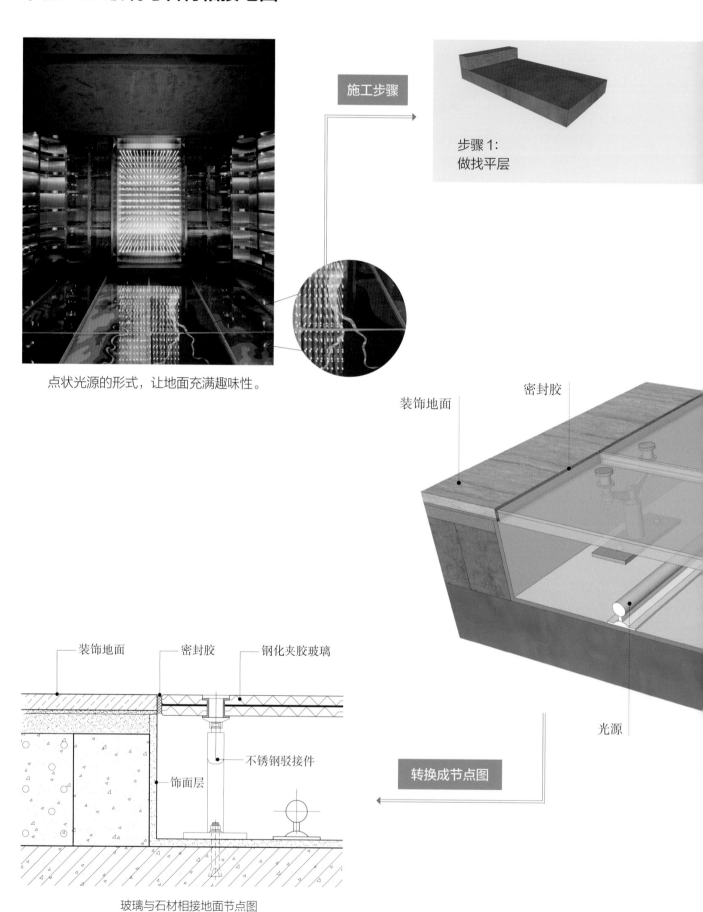

点状光源的形式，让地面充满趣味性。

施工步骤

步骤 1：
做找平层

装饰地面　密封胶

光源

转换成节点图

装饰地面　密封胶　钢化夹胶玻璃

不锈钢驳接件

饰面层

玻璃与石材相接地面节点图

步骤 2：
做基础饰面

步骤 3：
铺石材

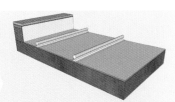

步骤 4：
安装灯带

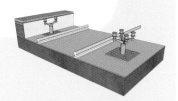

步骤 5：
安装支架和横梁

步骤 6：
安装玻璃

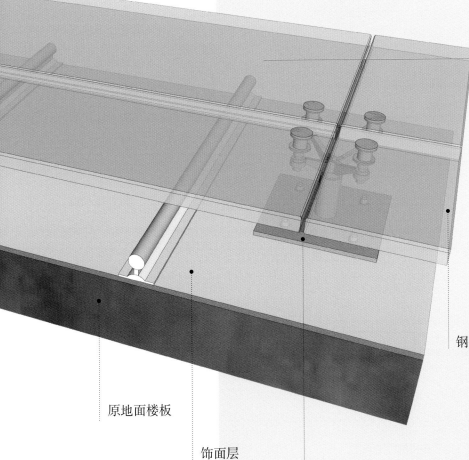

发光地面的饰面材料通常为玻璃，在设计过程中，设计师需要经过承载力计算来得出玻璃的强度，避免产生玻璃破碎等现象。

钢化夹胶玻璃

原地面楼板

饰面层

不锈钢驳接件

节点 79. 玻璃（地板中间）与木地板相接地面

步骤 1:
刷界面剂并做找平层

玻璃下方安装灯带，在开敞的室外空间保证了足够的光源，同时这种不同长短的玻璃，给地面增加了造型，让木地板地面不会显得过于单调。

施工步骤

企口型复合木地板

地板专用消音垫

30mm 厚 1：3 水泥砂浆压实赶光

10mm 厚 1：3 水泥砂浆防水保护层

防水层（一般 1.5mm）

20mm 厚 1：3 水泥砂浆找平层

界面剂

原建筑钢筋混凝土楼板

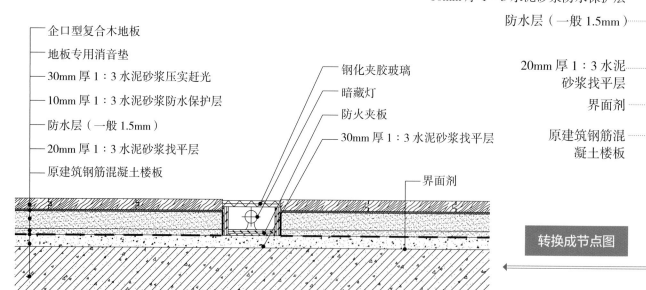

企口型复合木地板
地板专用消音垫
30mm 厚 1：3 水泥砂浆压实赶光
10mm 厚 1：3 水泥砂浆防水保护层
防水层（一般 1.5mm）
20mm 厚 1：3 水泥砂浆找平层
原建筑钢筋混凝土楼板

钢化夹胶玻璃
暗藏灯
防火夹板
30mm 厚 1：3 水泥砂浆找平层

界面剂

转换成节点图

玻璃（地板中间）与木地板相接地面节点图

步骤 2：
防水处理并做防火保护层

步骤 3：
固定防火夹板

步骤 4：
水泥压实后铺设消音垫

步骤 5：
安装木地板

一般地面玻璃下方都会设置灯带，做辅助光源，既不会导致眩光，又能保证光线充足，非常适用于室外空间或者室内做光影效果的区域。

步骤 6：
安装玻璃

暗藏灯

钢化夹胶玻璃　防火夹板

30mm 厚 1：3 水泥砂浆找平层

节点 80. 玻璃（靠近墙体）与木地板相接地面

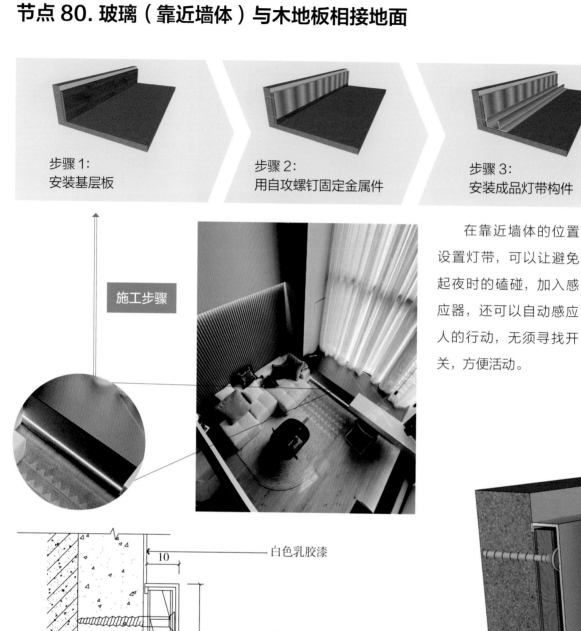

步骤 1：
安装基层板

步骤 2：
用自攻螺钉固定金属件

步骤 3：
安装成品灯带构件

施工步骤

在靠近墙体的位置设置灯带，可以让避免起夜时的磕碰，加入感应器，还可以自动感应人的行动，无须寻找开关，方便活动。

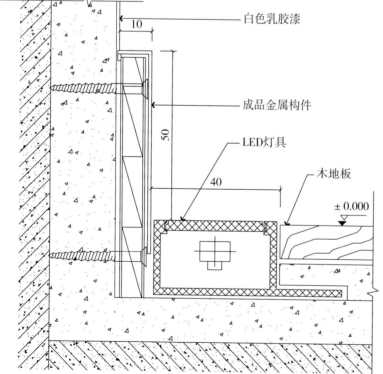

白色乳胶漆

10

成品金属构件

50

LED灯具

40

木地板

± 0.000

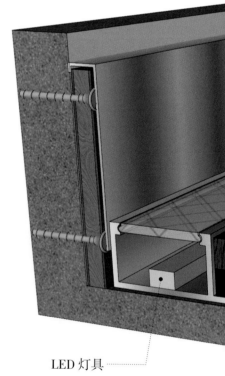

LED 灯具

转换成节点图

玻璃（靠近墙体）与木地板相接地面节点图

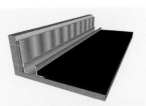

步骤 4：
水泥砂浆找平

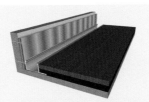

步骤 5：
安装木饰面

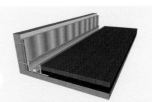

步骤 6：
固定 LED 灯带

步骤 7：
安装玻璃

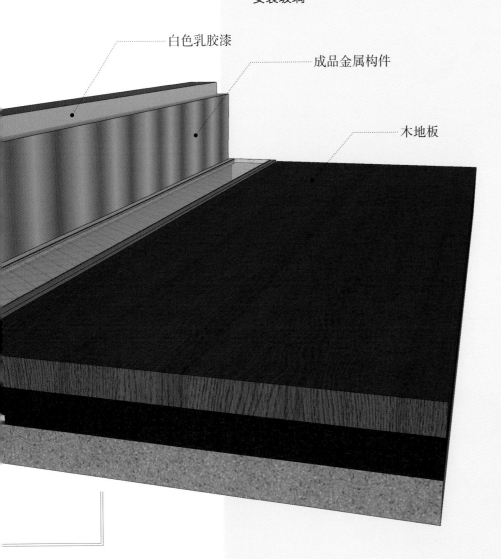

白色乳胶漆

成品金属构件

木地板

专题 玻璃地面设计与施工的关键点

材质分类

半透明系列
半透明、模糊效果

珠光系列
高贵，柔和

金属系列
金属质感，金属色

聚晶系列
华丽感
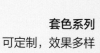

实色系列
最丰富，可任意调配

套色系列
可定制，效果多样

烤漆玻璃
做地面时要注意玻璃的承重能力，不常使用

烤漆玻璃选购技巧。
①看颜色，色彩鲜艳、纯正，亮度好，没有色斑则为优质品。
②摸背面，漆膜光滑，很少有颗粒凸起和痕迹则为优质品。

全磨砂玻璃
全磨砂效果，保护隐私

条纹磨砂玻璃
光滑，有光泽，条纹状分布
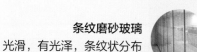

计算机图案磨砂玻璃
可定制，纹理多样

磨砂玻璃选购技巧。
①看透明度，是否符合购买要求。
②检查玻璃主体是否有裂缝或破损。

磨砂玻璃
比较有局限性，地面使用较少

玻璃

复合中空钢化玻璃
隔音，保温性能好

多层钢化玻璃
三层及以上结构，强度高

双层夹胶钢化玻璃
双层结构，图案丰富，较为坚固

钢化玻璃
承受能力强，更加适合地面使用

钢化玻璃选购技巧。
①看玻璃侧面，如果能看到蓝色的斑，则为钢化玻璃。
②触摸玻璃表面，若有凹凸的纹理，则为钢化玻璃。
③根据产品认证证书，查找是否通过相关认证。

单层钢化玻璃
单层结构，厚度适中，保温隔热性一般

🎬 通用工艺

玻璃的制作技术越来越成熟，安全性也比较好，做地面时也有保障。从构造上讲，玻璃地面的主流做法分为框支撑和点支撑两种形式。

🎬 搭配技巧

局部悬空增加透气性

整面悬空的玻璃地面会给人危险又刺激的感觉，而局部的形式则会丰富地面形式，能够透过地面看到下方的场景。一般是在建筑下方有景观或者肌理的情况下，才会用在一层的位置，大部分都会用于二楼，可以让位于二楼的人通过局部的玻璃观察到一楼的景象，增强两层楼之间的联系。

玻璃地面将脚下的沙滩与海面的丰富肌理展示在人们面前，空间会更加丰富。

和天窗结合达到借光的效果

在多层住宅中，下层的空间很容易因为光线不佳，而导致空间过暗，氛围不好，可以采用贯穿的形式，除底层外，每层地面的同一位置都做局部的玻璃地面，和顶面的天窗对应，达到借光的效果。

与天窗对应的地面玻璃，上下贯通，让背阳面的空间有了更多的光线。

玻璃地面给展览空间增加趣味性，而且从上层能够以完全俯视的角度看到下层的展品，再在下层看展品的时候也能够给人带来不同的角度和感受。

悬空走廊减少空间闭塞感

　　一些多层建筑中，经常会在局部的位置，比如走廊或者其他狭长的位置，增加上下层空间的互动感，使其联系更加紧密。而且透明的材质，让狭长的空间更加开阔，减少了闭塞感。

一二层之间的玻璃地板，让建筑各层产生视觉上的联系，同时将建筑的木质结构完美展现。

透明的材质对于常规的一二层空间分隔起到了缓冲的作用，虽然身在不同的界面，但能感知到彼此，创造出具有暧昧感的共享空间关系。

透过玻璃增加纹理感

　　透明的玻璃可以透出下层的材质，在做玻璃地面的时候，除了悬空的形式外，还可以通过抬高其他地面，做出非悬空的玻璃地面效果，同时在下面通过水景、刻画等形式，来表达一些内容或者达到借景的效果。

在玻璃下方刻出抽象的地图，展示地貌和河流，同时安装小灯带，达到渲染氛围的效果。

透过玻璃增加纹理感

玻璃下方的浅水和玻璃结合，达成了在水面上"行走"的效果。

现浇水磨石

　　水磨石的应用范围很广，能运用在地面、墙面、楼梯、踢脚、台面、水槽、家居、灯具等各个位置。水磨石主要分为无机水磨石和环氧水磨石。无机水磨石是以水泥为黏结料，加入骨料（各种颜色的石材颗粒）、细砂，经过混合后，摊铺在面层上，面层上用玻璃条或金属条分割，制作图案，然后进行抛光研磨。环氧水磨石是以环氧树脂为黏结料，加入骨料、细砂，混合摊铺在面层上。

第七章

节点 81. 无机水磨石地面

施工步骤

传统的无机水磨石，通常用于走廊或工厂这类空间中，但是在设计师的巧手下，即使是颜色不够亮丽的无机水磨石，也能够通过营造氛围给人以高雅、气质的感受。

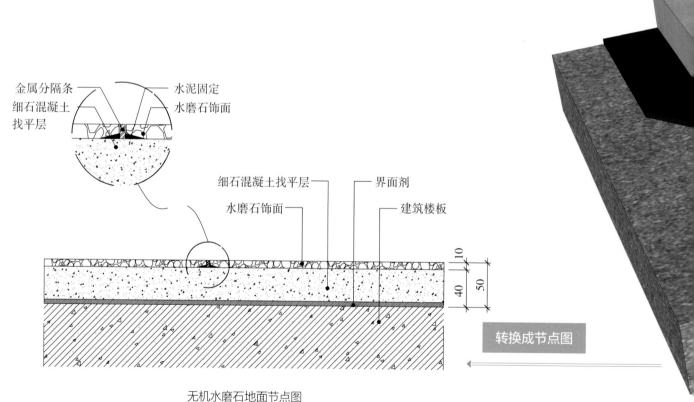

金属分隔条
细石混凝土找平层
水泥固定
水磨石饰面

细石混凝土找平层
水磨石饰面
界面剂
建筑楼板

10
40
50

转换成节点图

无机水磨石地面节点图

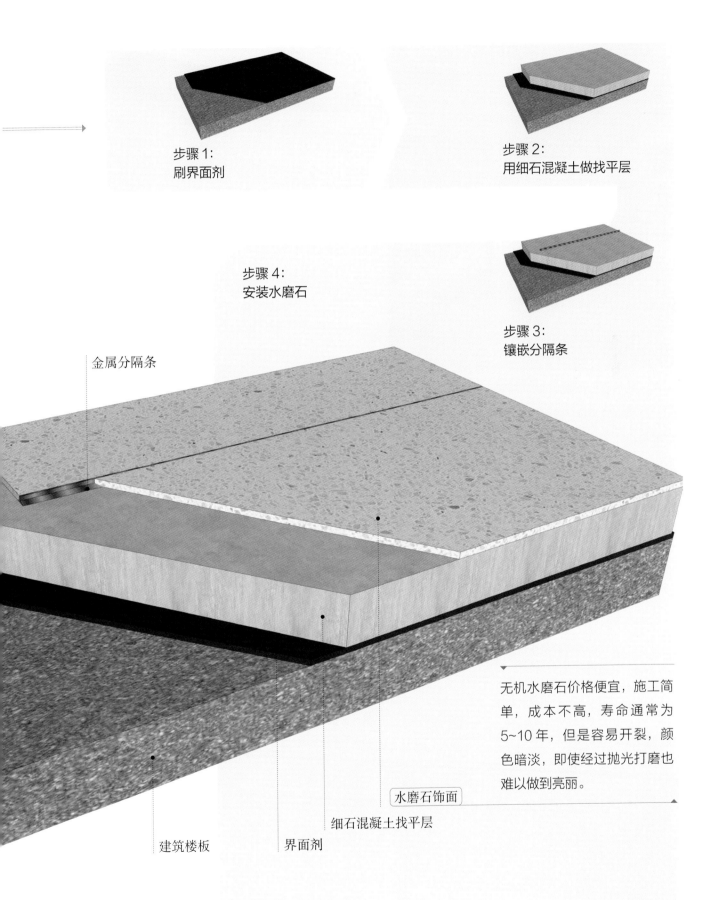

步骤1：
刷界面剂

步骤2：
用细石混凝土做找平层

步骤4：
安装水磨石

步骤3：
镶嵌分隔条

金属分隔条

无机水磨石价格便宜，施工简单，成本不高，寿命通常为5~10年，但是容易开裂，颜色暗淡，即使经过抛光打磨也难以做到亮丽。

水磨石饰面

建筑楼板

界面剂

细石混凝土找平层

82. 环氧水磨石地面

施工步骤

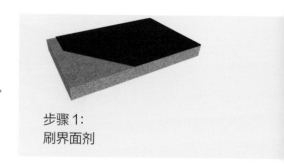

步骤1：
刷界面剂

环氧水磨石颜色鲜艳，能够无缝拼接出各式各样，甚至十分复杂的图案，让地面整体性强的同时，又根据骨料的不同而产生不同的效果。环氧水磨石更适用于商场、超市这类空间当中，但其装饰效果比较依赖施工的技术，因此在施工时要注意施工团队的选择。

防护罩面罩
环氧水磨石集料层
金属分隔条

环氧水磨石底涂
找平层
界面剂
建筑楼板

转换成节点图

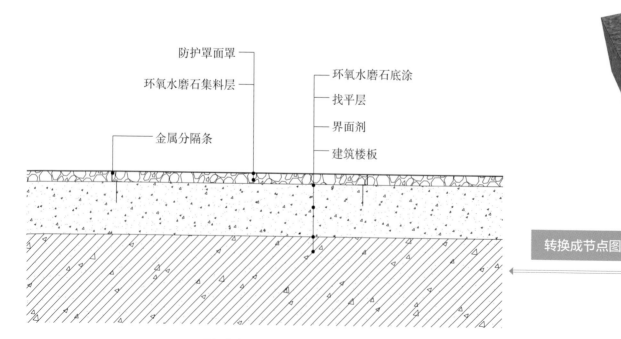

环氧水磨石地面节点图

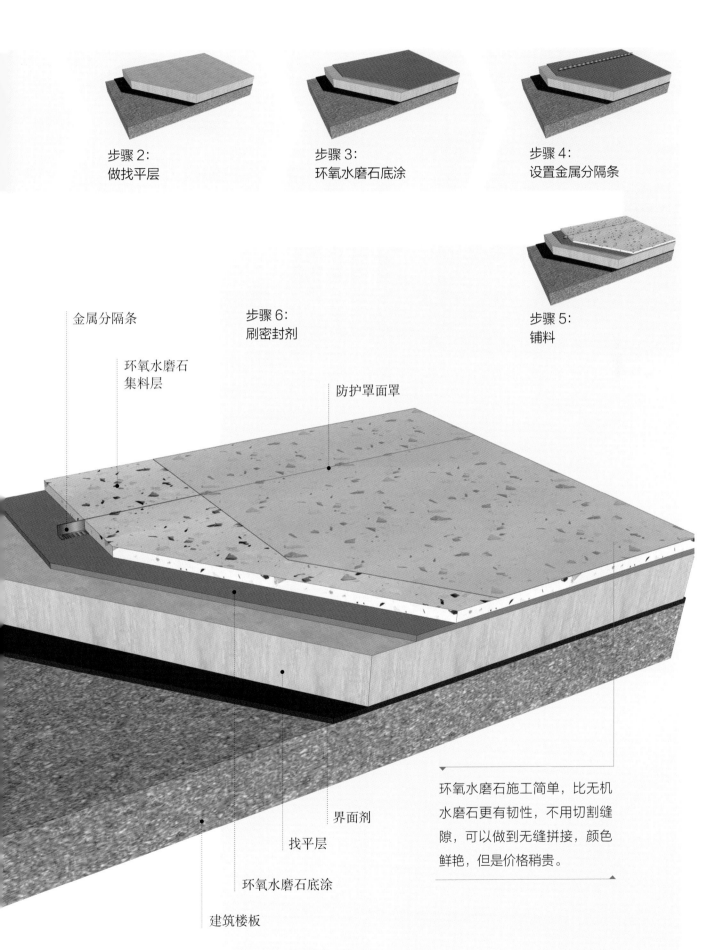

步骤2：
做找平层

步骤3：
环氧水磨石底涂

步骤4：
设置金属分隔条

步骤6：
刷密封剂

步骤5：
铺料

金属分隔条

环氧水磨石
集料层

防护罩面罩

界面剂

找平层

环氧水磨石底涂

建筑楼板

环氧水磨石施工简单，比无机水磨石更有韧性，不用切割缝隙，可以做到无缝拼接，颜色鲜艳，但是价格稍贵。

点 83. 环氧水磨石含伸缩缝地面

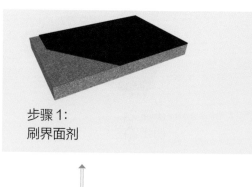

步骤1：
刷界面剂

施工步骤

像图书馆这类大型空间的地面做环氧水磨石时，需要设置伸缩缝，其外表和正常水磨石地面并无不同。

环氧水磨石集料层
环氧水磨石底涂
金属分隔条
弹性填缝材料

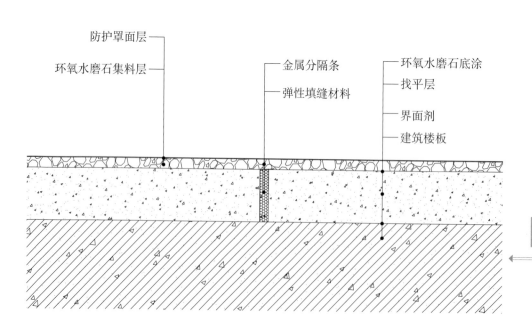

防护罩面层
环氧水磨石集料层
金属分隔条
弹性填缝材料
环氧水磨石底涂
找平层
界面剂
建筑楼板

转换成节点图

环氧水磨石含伸缩缝地面节点图

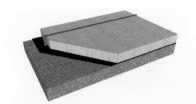

步骤 2:
做找平层，找平层中间做伸缩缝

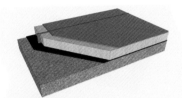

步骤 3:
环氧水磨石底涂

步骤 4:
设置金属分隔条

步骤 5:
铺料

步骤 6:
涂装密封剂

环氧水磨石的施工面积很大时，可采用聚合物砂浆以提高其柔韧性，降低开裂的风险。

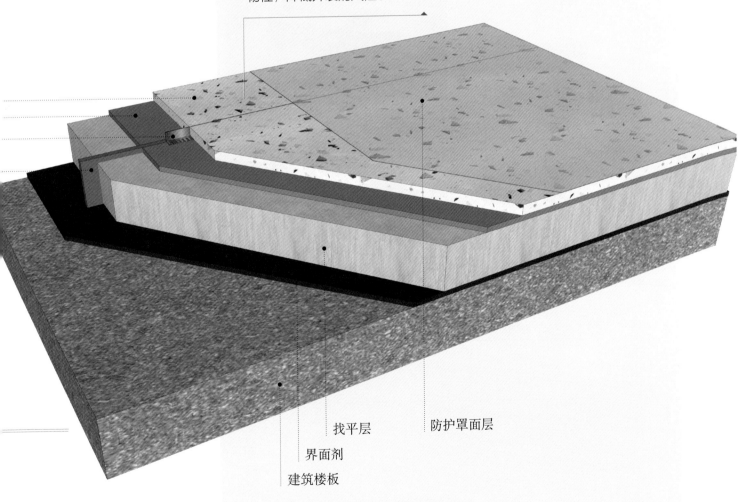

找平层

界面剂

建筑楼板

防护罩面层

34. 地暖无机水磨石地面

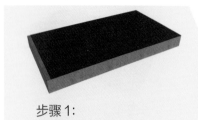

步骤1:
刷界面剂

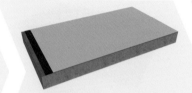

步骤2:
刷防水材料

步骤3:
做绝热层

在家装空间中
使用水磨石时有时
需要做地暖，帮助
冬日取暖。

施工步骤

绝热层

防水层

界面剂

建筑楼板

水泥基磨石

找平砂浆

铝箔反射层

绝热层

防水层

加热水管

界面剂

建筑楼板

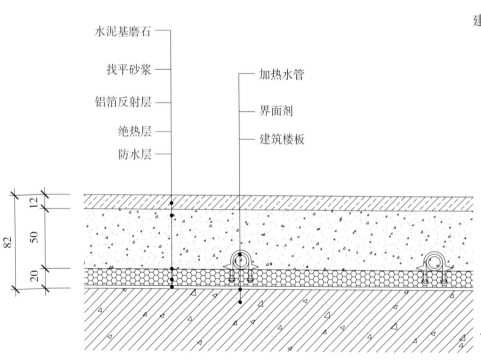

转换成节点图

地暖水磨石地面节点图

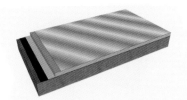

步骤4:
铺设铝箔反射层

步骤5:
安装加热水管

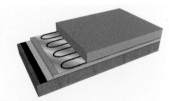

步骤6:
做找平层

步骤7:
安装水磨石

水泥基磨石

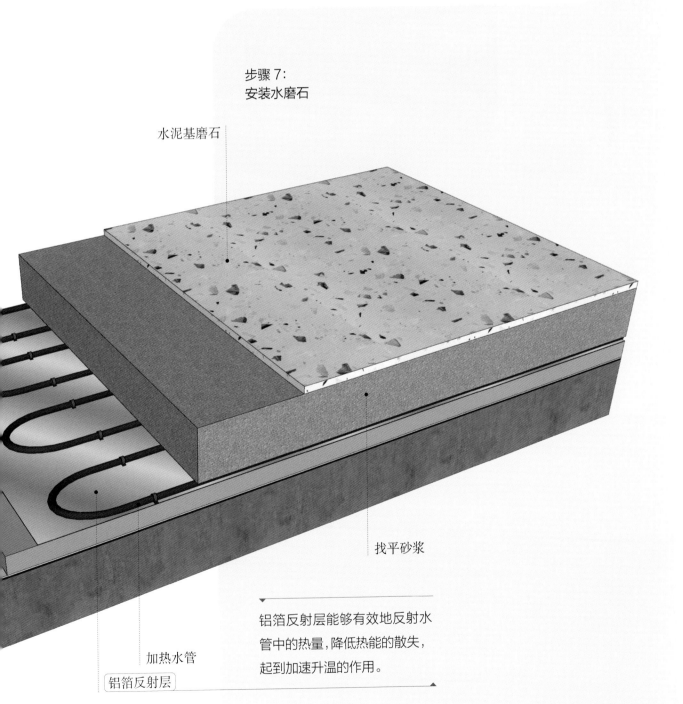

找平砂浆

加热水管

铝箔反射层

铝箔反射层能够有效地反射水管中的热量,降低热能的散失,起到加速升温的作用。

5. 地暖环氧水磨石地面

步骤1：
刷界面剂并做找平层

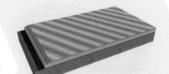

步骤2：
铺设保温板后铺
设地暖反射膜

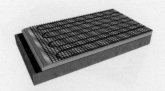

步骤3：
固定钢丝网并安装加热水管

施工步骤

环氧水磨石造型更加自由，施工时需要设计师监工放样或者工人具有一定的审美基础，成品才能更加符合设计效果。

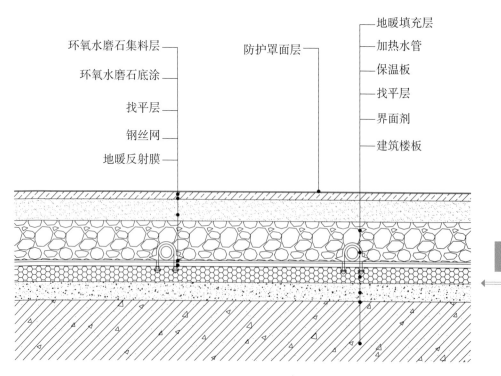

环氧水磨石集料层
环氧水磨石底涂
找平层
钢丝网
地暖反射膜

防护罩面层

地暖填充层
加热水管
保温板
找平层
界面剂
建筑楼板

地暖反射膜
保温板
找平层
界面剂
建筑楼板

转换成节点图

地暖环氧水磨石地面节点图

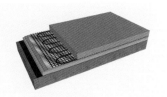

步骤 4:
填充地暖

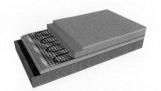

步骤 5:
做找平层

步骤 6:
环氧水磨石底涂后进行铺料

步骤 7:
做防护罩面层

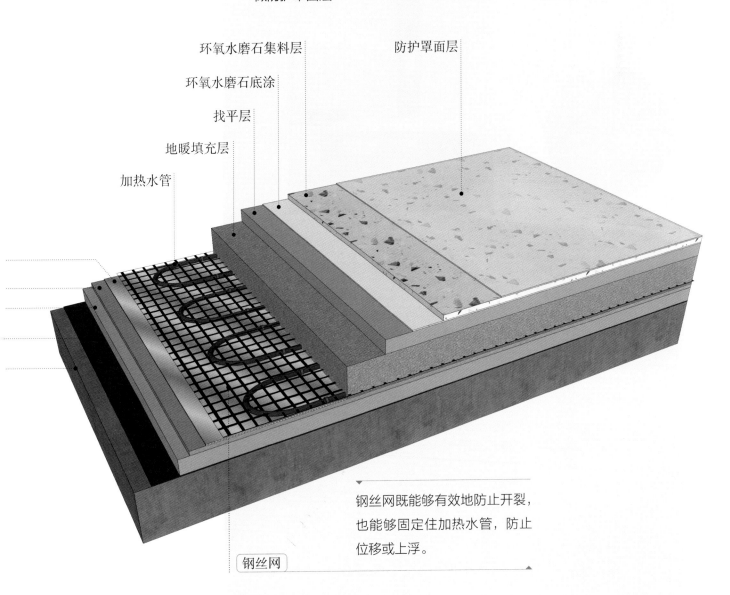

环氧水磨石集料层

防护罩面层

环氧水磨石底涂

找平层

地暖填充层

加热水管

钢丝网既能够有效地防止开裂，也能够固定住加热水管，防止位移或上浮。

钢丝网

5. 环氧水磨石与木地板相接地面

步骤 1：
刷界面剂并做防水层

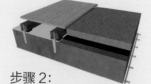

步骤 2：
做找平层，固定木龙骨
后再铺多层板

步骤 3：
固定金属收边条

施工步骤

收边条将环氧水磨石隔离成单独的区域做换鞋区，耐脏、易清洁的环氧水磨石极为适合该区域。

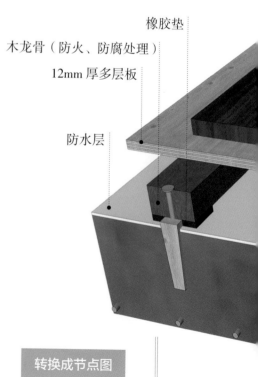

橡胶垫

木龙骨（防火、防腐处理）

12mm 厚多层板

防水层

转换成节点图

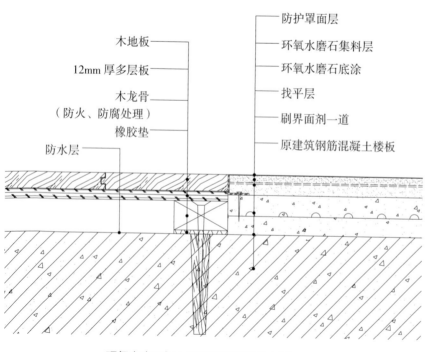

木地板 ——

12mm 厚多层板 ——

木龙骨
（防火、防腐处理）——

橡胶垫 ——

防水层 ——

—— 防护罩面层

—— 环氧水磨石集料层

—— 环氧水磨石底涂

—— 找平层

—— 刷界面剂一道

—— 原建筑钢筋混凝土楼板

环氧水磨石与木地板相接地面节点图

步骤 4：
环氧水磨石底涂

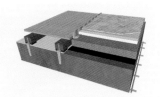

步骤 5：
铺料

步骤 6：
铺木地板

步骤 7：
做防护罩面层

L 形收边条将环氧水
磨石和木地板分隔开
来，两者互不影响。

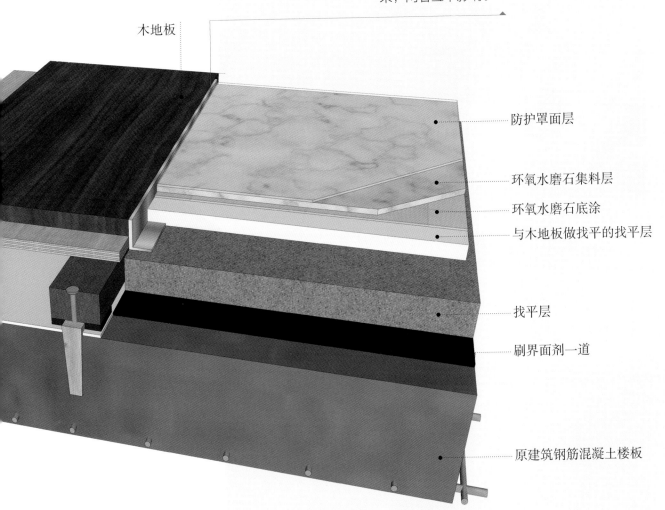

木地板

防护罩面层

环氧水磨石集料层

环氧水磨石底涂

与木地板做找平的找平层

找平层

刷界面剂一道

原建筑钢筋混凝土楼板

环氧水磨石与石材相接地面

步骤1：
刷界面剂

步骤2：
做找平层

步骤3：
设置分隔条

施工步骤

石材与环氧水磨石相接处的金属条很细，不会影响到整体的装饰效果，而且大面积的环氧水磨石与石材的相接更加适用于办公空间中走廊或大厅与办公区域的交界处。

石材
专用黏结剂
找平层
界面剂

防护罩面层
集料层
环氧水磨石底涂
找平层
界面剂
混凝土楼板

石材
专用黏结剂
找平层
界面剂

分隔条

与石材做找平的找平层

转换成节点图

环氧水磨石与石材相接地面节点图

步骤 4：
环氧水磨石底涂

步骤 5：
铺料

步骤 6：
铺贴石材

步骤 7：
做防护罩面层

分隔条通常为金属，能与其他
做装饰用的金属嵌条相融合，
达到统一的效果。

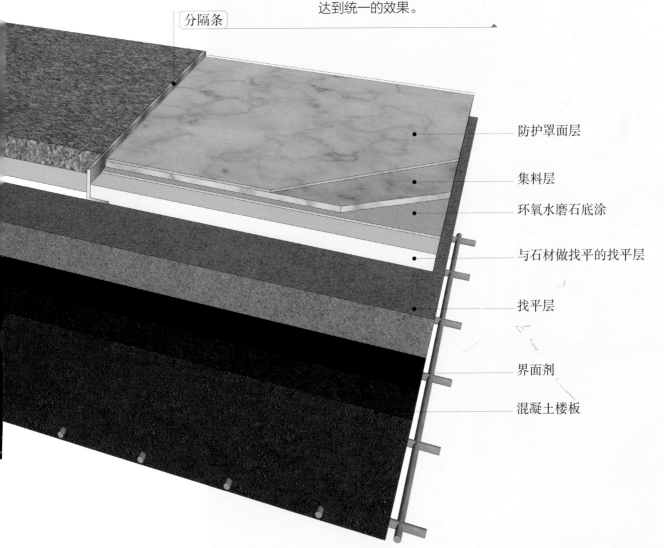

分隔条

防护罩面层

集料层

环氧水磨石底涂

与石材做找平的找平层

找平层

界面剂

混凝土楼板

无机水磨石与石材相接地面

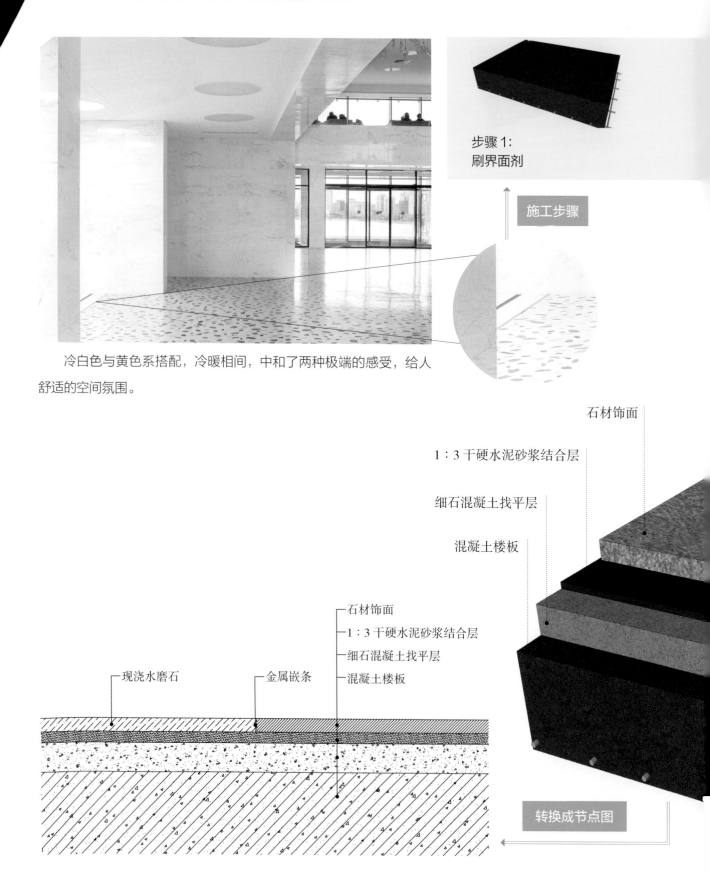

步骤1：
刷界面剂

施工步骤

冷白色与黄色系搭配，冷暖相间，中和了两种极端的感受，给人舒适的空间氛围。

石材饰面

1：3干硬水泥砂浆结合层

细石混凝土找平层

混凝土楼板

石材饰面
1：3干硬水泥砂浆结合层
细石混凝土找平层
混凝土楼板

现浇水磨石　　金属嵌条

转换成节点图

无机水磨石与石材相接地面节点图

步骤 2：
用细石混凝土做找平层

步骤 3：
用水泥砂浆做结合层

步骤 4：
固定分隔条

步骤 5：
安装水磨石

步骤 6：
安装石材

石材与水磨石间的连接用金属嵌条来完成，通常采用黄铜或者其他与石材或者水磨石色彩相搭配的金属。

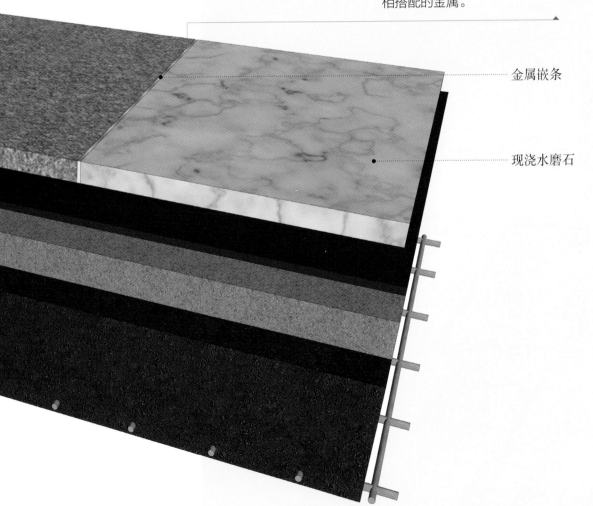

金属嵌条

现浇水磨石

227

专题 水磨石地面设计与施工的关键点

材质分类

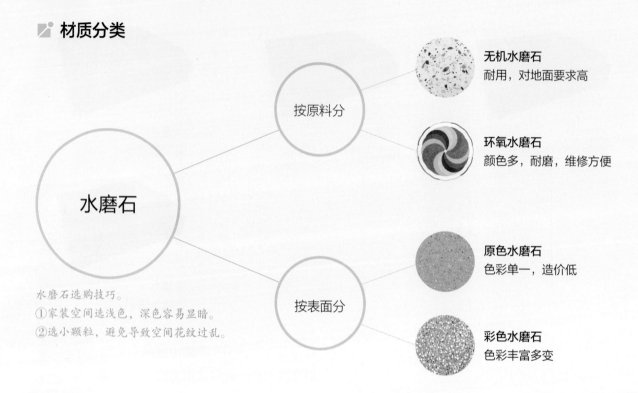

水磨石选购技巧。

①家装空间选浅色，深色容易显暗。

②选小颗粒，避免导致空间花纹过乱。

无机水磨石
耐用，对地面要求高

环氧水磨石
颜色多，耐磨，维修方便

原色水磨石
色彩单一，造价低

彩色水磨石
色彩丰富多变

施工工艺

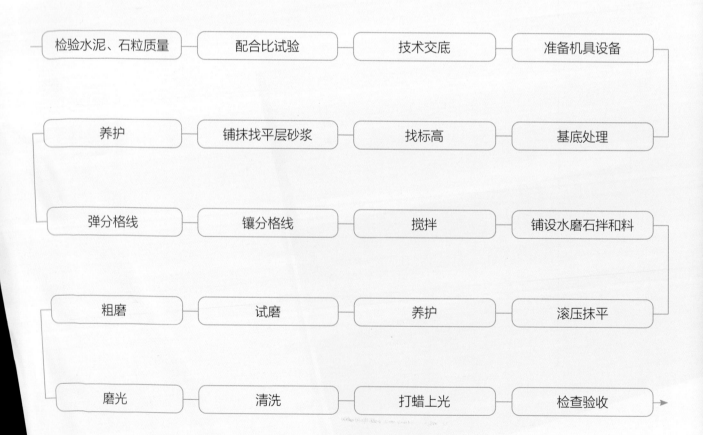

◤ 搭配技巧

墙、地面一体效果

水磨石既可用于地面，又可用于墙面，因此在设计时，可以在墙、地面上使用同种材料，达成多个界面一体的效果，可以有效延伸空间，增加空间感，也能够增添个性感。

墙、地面使用的水磨石其颗粒都采用一致的大小，顶面也采用了类似的材质，让空间从上到下都具有一致性，起到了延伸的视觉效果。

墙面和地面采用颗粒大小不一的水磨石，墙面上的颗粒更大一些，且地面水磨石的颜色更深，形成了对比，但又互相映衬。

百变的色彩丰富空间

　　人造水磨石的色彩和图案丰富，既有纯色系，如白色、黄色、黑色、红色等，也有像麻色等突出纹理的颜色，即在净色板的基础上添加不同颜色与不同大小的颗粒，丰富室内空间。

定制的灰绿色水磨石，嵌有大块的墨绿色和白色大理石骨料，体现了品牌对材质和工艺的极致追求。

大面积使用浅色水磨石

　　以白色为主调加上浅色的碎石或石英石等骨料，让空间有种精致的清淡感，但又不失些许的小亮点。作为空间的主色使其既有主调又不会过于有存在感。

浅色的水磨石和白色瓷砖弧形相接形成了过渡，两者一粗糙一光滑，形成了鲜明的对比，让空间充满了矛盾感，丰富了空间的层次。

和石材搭配丰富地面

　　不同材料的地面拼贴，能够形成层次感，避免空间过于单调，在室内或者小庭院中都可以采用石材来与水磨石进行拼贴。可以通过贴石材和水磨石来区分功能空间，也可通过拼贴的形式丰富地面形式。

砖材也可以与水磨石拼贴做饰面材料，同色系的砖材和水磨石共同组成了以灰色调为主的地面，与空间的轻工业风格相得益彰。

和石材搭配，采用具有规律性的排布方式，整个地面充满韵律感。

搭配其他材料减弱冷感

水磨石的色调大部分都比较偏冷，大面积使用的时候难免会让人觉得空间过冷，给人感觉不够舒适，因此可以在空间中多使用一些软性材料或偏暖色的家具，来柔和整个空间，比如皮革类的硬包卡座，柔软的座椅等。

冷色调的水磨石很适合用于酒吧、餐馆等空间中，藕粉色的硬包卡座柔和了一部分冷感，让空间虽整体偏冷，但不至于让人有不舒适的感受。

浅色水磨石搭配浅木色营造温暖氛围

冷色调水磨石还可以与暖色系的木地板搭配，在浅色系的水磨石和明亮灯光的共同作用下，可以形成干净、柔软的空间，营造温暖舒适的氛围。

木地板地台将休息区和活动区进行了区分，而且浅色水磨石和木地板互相映衬，共同组成了柔和的卧室空间。